国家职业教育改革发展示范学校重点建设专业精品教材

工学结合示范教材

电工电子仪器仪表

主　编　刘　岚

副主编　朱小燕　黄宝鹏

主　审　王为民

电子工业出版社

Publishing House of Electronics Industry

北京·BEIJING

内 容 简 介

本书是按工学结合的方式编写的，并以生产或生活相关的应用提出任务和引入任务的形式介绍各种仪器仪表的使用方法和使用时的注意事项；重点介绍了万用表、电桥、兆欧表、钳形电流表、接地电阻测试仪、示波器、信号发生器、频率计数器、晶体管毫伏表的种类、面板介绍和使用方法。本书以图文并茂的形式突出了技能操作与传授的特点。

本书可作为职业技术院校机电类专业"电工电子仪器仪表"课程的教材，也适合电子制造和维修的技术人员、工程师及初学者使用。

图书在版编目（CIP）数据

电工电子仪器仪表 / 刘岚主编. —北京：电子工业出版社，2014.6
国家职业教育改革发展示范学校重点建设专业精品教材　工学结合示范教材

ISBN 978-7-121-23049-3

Ⅰ. ①电… Ⅱ. ①刘… Ⅲ. ①电工仪表—职业教育—教材②电子仪器—职业教育—教材 Ⅳ. ①TM930.7

中国版本图书馆 CIP 数据核字（2014）第 081931 号

策划编辑：张　帆
责任编辑：郝黎明
印　　刷：北京虎彩文化传播有限公司
装　　订：北京虎彩文化传播有限公司
出版发行：电子工业出版社
　　　　　北京市海淀区万寿路 173 信箱　邮编　100036
开　　本：787×1 092　1/16　印张：11.5　字数：294.4 千字
版　　次：2014 年 6 月第 1 版
印　　次：2024 年 7 月第 17 次印刷
定　　价：26.50 元

凡所购买电子工业出版社图书有缺损问题，请向购买书店调换。若书店售缺，请与本社发行部联系，联系及邮购电话：(010) 88254888，88258888。
质量投诉请发邮件至 zlts@phei.com.cn，盗版侵权举报请发邮件至 dbqq@phei.com.cn。
本书咨询联系方式：(010) 88254592，bain@phei.com.cn。

前　言

随着科学技术的发展，新型电子产品得到了迅速的普及。近年来，我国已成为世界电子产品的制造基地，促使制造业在我国的经济领域起到了基础性和支柱性产业的作用，但制造业的发展丝毫离不开各种仪器仪表的技术支持。事实证明，科学地使用各种仪器仪表能为从事专业工作的人员提供有力的帮助，熟练地使用各种仪器仪表可以大大地提高工作效率。能否娴熟地掌握各种仪器仪表的使用方法已成为反映电类工程人员技术水平高低的重要标志，因此，仪器仪表的使用是电类各专业工程人员"不可或缺"的基本技能之一。

本书可作为中高等职业技术院校机电一体化、电子与信息技术、电子技术应用等相关电类专业的"电工电子仪器仪表"课程教材，也可作为其他电类及机电类专业的选修课程用书，同时可作为电类有关工程技术人员的培训教材。本书针对职业技术教育的特点和职业技术学校培养"生产一线的应用型、技能型、操作型人才"的目标，在保证科学性的前提下，删繁就简，突出实用、简明的特色，并在教学内容上以图文并茂的形式逐一展开，特别是采用表格式的逻辑表达方式，通俗易懂，可使初学者以"按图索骥"的方式，快速地掌握仪器仪表的使用方法。

本书共分 10 个任务，每个任务都是以与生产或生活相关的应用提出任务并引入任务，并按工学结合的模式编写而成，主要介绍各种仪器仪表的使用方法和使用时的注意事项；其中工作页主要是提出并引入任务，并给定任务实施方案和任务执行情况的相关考核，而学习页主要是介绍与任务相关的知识。本书主要任务包括安全教育、万用表的使用、电桥的使用、兆欧表的使用、钳形电流表的使用、接地电阻测试仪的使用、示波器的使用、信号发生器的使用、频率计数器的使用和晶体管毫伏表的使用。

本书由广东省技师学院的多名教师共同编写。其中刘岚任主编，朱小燕、黄宝鹏任副主编，袁建军、于飞参与编写。

全书由广东省技师学院王为民审稿，他对本书进行了认真审阅，提出了很好的意见和建议，作者在此表示衷心的感谢。还有很多对本书提出过修改和宝贵意见的同志，编者在这里一并向他们表示诚挚的谢意。

由于编者水平有限，书中难免还存在一些不足和疏漏之处，殷切希望广大读者批评指正。

编　者

目　录

任务一　安全教育 ··· 1

　　1.1　工作页 ·· 1

　　　　学习任务描述 ·· 1

　　　　任务实施 ·· 2

　　　　知识要点 ·· 3

　　　　综合评定 ·· 4

　　1.2　学习页 ·· 6

　　　　学习目标 ·· 6

　　　　相关知识 ·· 6

　　　　知识拓展 ·· 9

任务二　万用表的使用 ·· 11

　　2.1　工作页 ·· 11

　　　　学习任务描述 ·· 11

　　　　任务实施 ·· 12

　　　　知识要点 ·· 14

　　　　综合评定 ·· 19

　　2.2　学习页 ·· 21

　　　　学习目标 ·· 21

　　　　相关知识 ·· 21

　　　　知识拓展 ·· 38

任务三　电桥的使用 ··· 40

　　3.1　工作页 ·· 40

　　　　学习任务描述 ·· 40

　　　　任务实施 ·· 41

　　　　知识要点 ·· 43

　　　　综合评定 ·· 44

　　3.2　学习页 ·· 47

　　　　学习目标 ·· 47

　　　　相关知识 ·· 47

　　　　知识拓展 ·· 57

任务四　兆欧表的使用 ·· 60

　　4.1　工作页 ·· 60

学习任务描述 ··· 60

任务实施 ··· 61

知识要点 ··· 63

综合评定 ··· 64

4.2 学习页 ·· 66

学习目标 ··· 66

相关知识 ··· 66

知识拓展 ··· 73

任务五 钳形电流表的使用 ··· 75

5.1 工作页 ·· 75

学习任务描述 ··· 75

任务实施 ··· 76

知识要点 ··· 78

综合评定 ··· 79

5.2 学习页 ·· 81

学习目标 ··· 81

相关知识 ··· 81

知识拓展 ··· 87

任务六 接地电阻测试仪的使用 ··· 88

6.1 工作页 ·· 88

学习任务描述 ··· 88

任务实施 ··· 88

知识要点 ··· 90

综合评定 ··· 92

6.2 学习页 ·· 94

学习目标 ··· 94

相关知识 ··· 94

任务七 示波器的使用 ··· 101

7.1 工作页 ··· 101

学习任务描述 ·· 101

任务实施 ·· 102

知识要点 ·· 109

综合评定 ·· 110

7.2 学习页 ··· 112

学习目标 ·· 112

相关知识 ·· 112

知识拓展 ·· 132

任务八 信号发生器的使用 ·· 134

8.1 工作页 ··· 134

学习任务描述 ·· 134

　　　　　　任务实施 ……………………………………………………………… 134
　　　　　　知识要点 ……………………………………………………………… 135
　　　　　　综合评定 ……………………………………………………………… 136
　　8.2　学习页 …………………………………………………………………… 138
　　　　　　学习目标 ……………………………………………………………… 138
　　　　　　相关知识 ……………………………………………………………… 138
任务九　频率计数器的使用 …………………………………………………………… 150
　　9.1　工作页 …………………………………………………………………… 150
　　　　　　学习任务描述 ………………………………………………………… 150
　　　　　　任务实施 ……………………………………………………………… 151
　　　　　　综合评定 ……………………………………………………………… 155
　　9.2　学习页 …………………………………………………………………… 157
　　　　　　学习目标 ……………………………………………………………… 157
　　　　　　相关知识 ……………………………………………………………… 157
任务十　晶体管毫伏表的使用 ………………………………………………………… 162
　　10.1　工作页 ………………………………………………………………… 162
　　　　　　学习任务描述 ………………………………………………………… 162
　　　　　　任务实施 ……………………………………………………………… 163
　　　　　　综合评定 ……………………………………………………………… 166
　　10.2　学习页 ………………………………………………………………… 168
　　　　　　学习目标 ……………………………………………………………… 168
　　　　　　相关知识 ……………………………………………………………… 168
　　　　　　知识拓展 ……………………………………………………………… 173

任务一
安 全 教 育

1.1　工作页

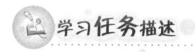
学习任务描述

1．提出任务

安全与生产是相互依存的关系。工作过程中必须保证安全，不安全就不能生产。人们常说："安全促进生产，生产必须安全"就是这个道理。请你想一想，我们在进行生产实习时，应遵守哪些规章制度，以确保安全？

2．引导任务

在当前市场经济的新形势下，必须克服安全工作中存在的"说起来重要，做起来次要，忙起来不要"的错误思想，树立"一切为安全工作让路，一切为安全工作服务"的观念，坚持"安全为天，安全至上"，把"安全第一，预防为主"的方针落到实处，从而保证安全地进行生产实习。

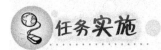 任务实施

实施步骤

（1）教学组织

教学组织流程如下图所示。

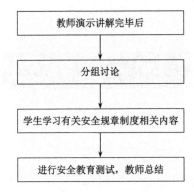

教师讲解完毕，让小组组长分列站好，听到老师指令后按照老师的要求进行操作。

分组实训：每3人一组，每组小组长一名。

（2）必要器材/必要工具

学生学习必备用品。

（3）任务要求

① 查阅相关资料与学习页，列出一些安全教育有关事项。

_____

_____

_____

② 学习校纪厂规安全知识。

③ 学习电工安全操作规程。

④ 学习生产实习中的 6S 管理。

学习中碰到的问题：_____

_____

_____

_____

解决的方法：_____

_____

_____

_____

_____

⑤ 个人生活中如何做到 6S 管理？

_____

_____

_____

_____

⑥ 理论考试，合格者进入下一轮学习。

知识要点

1. 电工安全操作规程

（1）电气线路在未经测电笔确定无电之前，应_____，不可用手触摸，不可绝对相信绝缘体。

（2）工作前应详细检查自己所用工具是否_____，穿戴好必需的防护用品，以防工作时发生意外。

（3）维修线路时要采取必要的措施，在开关手把上或线路上悬挂_____的警示牌，防止他人中途送电。

（4）使用测电笔时要注意测试电压范围，禁止超出范围使用。电工人员一般使用的电笔，只允许在_____以下电压使用。

（5）工作中所有拆除的电线都要处理好，必须将带电线头包好，以防发生_____。

（6）所用导线及保险丝，其容量大小必须符合规定标准，选择开关时必须_____所控制设备的总容量。

（7）检查完工后，送电前必须认真检查，看是否符合要求并和有关人员联系好后，方能_____。

（8）发生火警时，应立即_____。可用四氯化碳粉质灭火器或干砂扑救，严禁 _____扑救。

（9）工作结束后，全部工作人员必须一起撤离工作地段，拆除_____，所有材料、工具、仪表等随之撤离，将原有防护装置就地安装好。

2. 生产实习教学课堂管理制度

（1）学生实习课前必须_____，戴好工作帽和其他防护用品。

（2）生产实习教学"十不准"指 _____、_____、_____、_____、_____、_____、_____、_____、_____、_____。

（3）三严格是指_____、_____、_____，保证安全生产。

（4）不得擅自_____。

（5）实验电路接通电源后，不要用手触摸任何带电部分，拆线时必须先_____。

3. 6S 及管理

（1）6S 是指：_____、_____、_____、_____、_____、_____。

（2）_____即重视成员安全教育，每时每刻都有安全第一的观念，防患于未然。

（3）6S 实施的原则：_____、_____、_____。

（4）"6S 管理"的对象是_____、_____、_____。

综合评定

1. 自我评价

（1）本任务我学会和理解了：

_____

_____

_____

（2）我最大的收获是：

_____

_____

_____

（3）我的课堂体会是：快乐（　　）、沉闷（　　）

（4）学习工作页是否填写完毕？是（　　）、否（　　）

（5）工作过程中能否与他人互帮互助？能（　　）、否（　　）

2. 小组评价

（1）学习页是否填写完毕？

评价情况：是（　　）、否（　　）

（2）学习页是否填写正确？

错误个数：1（　）2（　）3（　）4（　）5（　）6（　）7（　）8（　）

（3）工作过程当中有无危险动作和行为？（　　）

评价情况：有（　　）、无（　　）

（4）能否主动与同组内其他成员积极沟通，并协助其他成员共同完成学习任务？

评价情况：能（　　）、不能（　　）

（5）能否主动执行作业现场 6S 管理要求？（　　）

评价情况：能（　　）、不能（　　）

3．教师评价

综合考核评比表如表 1-1 所示。

表 1-1 任务一综合考核评比表

序号	考核内容	评分标准	配分	自我评价 0.1	小组评价 0.3	教师评价 0.6	得分
1	任务完成情况	按照填空答案质量评分	10分				
		笔试成绩	35分				
2	责任心与主动性	如果丢失或故意损坏实训物品，全组得0分，不得参加下一次实训学习	10分				
		主动完成课堂作业，完成作业的质量高，主动回答问题	10分				
3	团队合作与沟通	团队沟通，团队协作，团队完成作业质量	10分				
4	课堂表现	上课表现（上课睡觉，玩手机，或其他违纪行为等）一次全组扣5分	15分				
5	职业素养（6S标准执行情况）	无安全事故，工作台面整洁	10分				
6	总分						

获得等级：90分以上（ ）☆☆☆☆☆　　积5分

　　　　　75～90分（ ）☆☆☆☆　　积4分

　　　　　60～75分（ ）☆☆☆　　积3分

　　　　　60分以下（ ）　　积0分

　　　　　50分以下（ ）　　积-1分

注：学生每完成一个任务可获得相应的积分，获得90分以上的学生可评为项目之星。

教师签名：_____

日期　　年　　月　　日

1.2 学习页

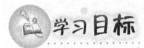学习目标

1. 安全操作规程

（1）电工安全操作规程
（2）生产实习教学课堂管理制度
（3）安全操作的"一想、二查、三严格"

2. "6S管理"相关知识

（1）"6S管理"内容
（2）"6S管理"实施原则
（3）"6S管理"对象

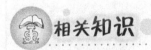相关知识

安全操作规程

（1）电工安全用电技术操作规程

① 工作前，必须检查工具、测量仪表和防护工具是否完好。任何电器设备未经验电，一律视为有电，不准用手触摸。

② 电气设备及其带动的机械部分需要修理时，不准在运转中拆卸修理。必须在停电后

切断设备电源，取下熔断器，挂上"禁止合闸，有人工作"的警示牌。在验明无电后，方可进行工作。

③ 在配电总盘及母线上进行工作时，在验明无电后应挂临时接地线。装拆接地线都必须由值班电工进行。

④ 临时工作中断电后或每班开始工作前，都必须重新检查电源是否已断开，并验明有无电。

⑤ 每次维修结束时，必须清点所带工具、零件，以防遗失和留在设备内造成事故。

⑥ 由专门检修人员修理电气设备或其带动的机械部分时，值班电工要进行登记，并注明停电时间。完工后要做好交待并共同检查，然后方可送电，并登记送电时间。

⑦ 低压设备上必须进行带电工作时，要经过领导批准，并要有专人监护。工作时要戴工作帽、穿长袖衣服、戴绝缘手套、使用有绝缘手柄的工具，并站在绝缘垫上，邻近相带电部分和连接金属部分应用绝缘板隔开。严禁使用锉刀、钢尺等进行工作。

⑧ 熔断器的容量要与设备和线路安装容量相适应。

⑨ 安装灯头时，开关必须接在火线上，灯口螺丝必须接在零线上。

⑩ 临时装设的电气设备必须将金属外壳接地。严禁将电动工具的外壳接地线和工作零线拧在一起，插入插座。

⑪ 电力配电盘配电箱、开关、变压器等各种电气设备附近，不准堆放各种易燃易爆、潮湿和其他影响操作的物件。

⑫ 使用梯子时，梯子与地面之间的角度以 60° 为宜。

⑬ 使用喷灯时，油量不得超过容积的 3/4。

⑭ 使用电动工具时，要戴绝缘手套，并站在绝缘垫上工作。

⑮ 电气设备发生火灾时，先要立刻切断电源，并使用二氧化碳灭火器或干粉灭火器进行灭火，严禁用水灭火。

（2）生产实习教学课堂管理制度

① 学生实习课前必须穿好工作服，戴好工作帽和其他防护用品，由班长负责组织提前进入实习课堂，准备实习。

② 教师考勤后讲课时，学生要专心听讲，做好笔记，不得说话和干其他事情；提问要举手，经教师同意后方可发问；上课时，进出教室应得到教师的许可。

③ 教师操作示范时，学生要认真观察，不得拥挤和喧哗，更不得用手触摸设备。

④ 学生要按教师分配的工作位置进行练习，严格遵守劳动纪律，有事请假，不得早退，不得窜岗，不允许私自开启他人的设备。

⑤ 学生要严格遵守安全操作规程，安检员要协助教师做好安全工作，防止发生人员伤亡和设备事故。

⑥ 学生要严格按照实习课题要求，保质保量按时完成生产实习任务，认真自评和撰写实习报告，不断提高操作水平。

⑦ 生产实习教学要做到"十不准"：

a. 不准闲谈、打闹；

  b. 不准擅离岗位；

  c. 不准干私活；

  d. 不准私带工具出车间；

  e. 不准乱放工量具、工件；

  f. 不准生火、烧火；

  g. 不准设备带故障工作；

  h. 不准擅自拆修机器；

  i. 不准乱拿别人的工具材料；

  j. 不准顶撞老师和指导教师。

⑧ 爱护公物财物，珍惜每一滴油、每一滴水、每一度电，修旧利废，勤俭节约。

⑨ 保持实习场所的整洁，下课前要清扫场地、保养设备、收拾好工具和材料、关闭电源、关好门窗，经教师检查后方可收工。

⑩ 实习结束时，经教师清点人数，总结完毕后方可离开。

（3）安全操作的"一想、二查、三严格"

① 一想：当天生产中有哪些不安全因素以及如何处置，做到把安全放在首位。

② 二查：查工作场所、机械设备、工具材料是否符合安全要求，有无隐患，如果发现有松动、变形、裂缝、泄漏或听到不正常的声音时应立即停车，并通知有关技术人员检修，确保各种机械设备、电器装置在安全状态下使用，还需查自己的操作是否会影响周围人的安全，防护措施是否妥当。

③ 三严格：严格遵守安全制度，严格执行操作规程，严格遵守劳动纪律，保证安全生产。

（4）"6S 管理"相关知识

"6S 管理"由日本企业的 5S 扩展而来，是现代工厂行之有效的现场管理理念和方法，其作用是：提高效率，保证质量，使工作环境整洁有序，预防为主，保证安全。6S 的本质是一种执行力的企业文化，强调纪律性的文化，不怕困难，想到做到，做到做好。做好基础性的 6S 工作落实，能为其他管理活动提供优质的管理平台。

① "6S 管理"内容。

a. 整理（SEIRI）——将工作场所的所有物品区分为有必要的和没有必要的，除了有必要的留下来，其他的都清除掉。目的：腾出空间，空间活用，防止误用，塑造清爽的工作场所。

b. 整顿（SEITON）—— 把留下来的必要的物品按照规定位置摆放，放置整齐并加以标识。目的：工作场所一目了然，节省寻找物品的时间，创造整整齐齐的工作环境，清除过多的积压物品。

c. 清扫（SEISO）——将工作场所内看得见与看不见的地方全部清扫干净，保持工作场所处在干净、亮丽的环境。目的：稳定品质，减少工业伤害。

d. 清洁（SEIKETSU）——将整理、整顿、清扫进行到底，并且制度化，经常保持环境处在美观的状态。目的：创造明朗现场，维持上面 3S 成果。

　　e. 素养（SHITSUKE）——每位成员养成良好的习惯，并遵守规则做事，培养积极主动的精神（也称习惯性）。 目的：培养有好习惯、遵守规则的员工，营造团队精神。

　　f. 安全（SECURITY）——重视成员安全教育，每时每刻都要有"安全第一"观念，防患于未然。 目的：建立起安全生产的环境，所有的工作都应建立在安全的前提下。

　　用以下的简短语句来描述 6S，更能方便记忆：

　　整理：要与不要，一留一弃；

　　整顿：科学布局，取用快捷；

　　清扫：清除垃圾，美化环境；

　　清洁：清洁环境，贯彻到底；

　　素养：形成制度，养成习惯；

　　安全：安全操作，以人为本。

　　② "6S 管理"实施原则。

　　a. 效率化：明确的位置是提高工作效率的先决条件。

　　b. 持久性：人性化，全员遵守与保持。

　　c. 美观性：作产品——作文化——征服客户群。管理理念适应现场场景，展示出来让人舒服、感动。

　　③ "6S 管理"对象。

　　a. 人：对学生行为品质的管理。

　　b. 事：对学生实训操作的方法、操作步骤的管理。

　　c. 物：对所有物品的规范管理。

仪表工安全操作规程

　　（1）仪表工应熟知所管辖仪器、仪表、相关电气设备和有毒物的安全知识。

　　（2）仪表工进入作业场所，必须精力集中，穿戴好劳动保护品。进行带酸、带压危险作业时，必须穿戴好水鞋、防酸手套和面罩。

　　（3）不准在电气设备供电线路带电作业（无论高压或低压）；停电后，应在电源开关处上锁，并拆下熔断器，同时挂上"禁止合闸，有人工作"的警示牌；工作未结束或未得到许可时，不准任何人随意拿掉警示牌或送电。

　　（4）必须带电作业时，应经主管电气设备的工程技术人员批准，并采取可靠的安全措施，作业人员和监护人员应由有带电作业实践经验的人员担任。

　　（5）仪表及其他电气设备均应良好地接地，在停电线路上装设接地线前，必须先验电、放电。

（6）停电、放电、验电和检修作业必须指派有实践经验的人员担任监护，否则不准进行作业。

（7）不是自己分管的设备，未经领导和安全员许可，不准私自动用。

（8）现场作业需要停电和送电时，必须与操作人员联系，得到允许后方可进行，电气操作应由电气专业人员按制度执行。

（9）仪表检修时，应将设备的余压、余料泄尽，才能作业。

任务二
万用表的使用

2.1　工作页

 学习任务描述

1. 提出任务

万用表在现代化生产线中的作用已经越来越重要，快速、高效的万用表在生产线上的集成应用可以大大降低企业的生产成本。下面将以某公司的电源生产线的自动化搭建为例，来介绍万用表是如何在生产线应用中发挥其作用的。请你思考怎样搭建电源生产的自动化生产线？

2. 引导任务

电源生产线的组成主要分四个部分，包括电源组装部分、电源检测部分、合格品处理部分和不合格品处理部分。在此电源产品线上，电源产品的性能指标测试环节尤为重要，因为这直接决定了这款电源半成品是否合格，与企业的成本和最终用户的利益息息相关。因此，对于测试环节来说，除了要有合理的测试方案之外，测试的准确性和测试的速度就直接决定了此产品线的成功与否。因此，我们必需学会万用表的使用方法。

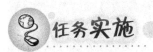

实施步骤

（1）教学组织

教学组织流程如下图所示。

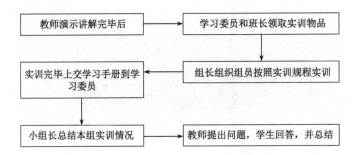

教师讲解完毕，让小组组长分列站好，听到老师指令后按照老师演示的动作规范操作。

分组实训：每 3 人一组，每组小组长一名。

（2）必要器材/必要工具

① 指针式万用表一块。

② 数字式万用表一块。

③ 直流稳压电源一个。

④ 电池、电阻、电容、二极管、三极管、导线若干。

（3）任务要求

① 查阅相关资料与学习页，设计电源生产线的搭建方案。

_____

_____

_____

_____

② 用万用表测量交、直流电压。

③ 用万用表测量电阻、检测二极管。

④ 用万用表测量电容。

测量中碰到的问题：_____

_____

_____

_____

解决的方法：_____

_____

_____

_____

_____

_____

_____

⑤ 测量直流电压。将万用表调到直流电压挡。用万用表测电池的电压，选择万用表适当挡位测量电压，将数据填入表 2-1 中。

表 2-1　直流电压测量记录表

测 量 对 象	干 电 池	
仪器	指针式万用表	数字式万用表
挡位/量程		
理论值		
测量值		

⑥ 测量交流电压。将万用表调到交流电压挡。测量实验台上的单相与三相交流电压。将数据填入表 2-2 中。

表 2-2　交流电压测量记录表

测 量 对 象	交流电压（单相）		交流电压（三相）	
仪器	指针式万用表	数字式万用表	指针式万用表	数字式万用表
档位/量程				
理论值				
测量值				

⑦ 测量电阻。将万用表调到欧姆挡。测量老师给定色环电阻的电阻值，将数据填入表 2-3 中。注意：指针式万用表在每次换挡后要重新调零，电阻元器件在测量电阻时要从电路上断开。

表 2-3　电阻测量记录表

测 量 对 象	给定电阻（两个）		人体电阻	
仪器	指针式万用表	数字式万用表	指针式万用表	数字式万用表
挡位/量程				
标称值				
测量值				

⑧ 测量电容。测量电容非常简单，只要将选择开关旋至电容挡，选择合适的量程，再将电容的两极分别插入"Cx"标记下的长方形孔内，就可以测量出电容的大小，并把结果填入表 2-4 中。

表 2-4　电容测量记录表

测 量 对 象	电 容	
仪器	指针式万用表	数字式万用表
挡位/量程		
理论值		
测量值		

⑨ 晶体二极管的简易检测。将万用表调到欧姆挡。用万用表的"×100"或"1k"欧姆挡测量二极管的阻值，得到一个读数；然后不换挡，将红黑表笔交换位置进行测量，得到另一个读数。比较两个读数的大小，然后填入相应的表 2-5 和表 2-6 中。并判断二极管的极性。

a. 用指针式万用表检测：

表 2-5　晶体二极管检测记录表（一）　　　　　挡位：＿＿＿＿＿＿＿＿

测量值	较小Ω值，约＿＿Ω		较大Ω值，约＿＿Ω	
表笔	黑	红	黑	红
极性				

b. 用数字式万用表检测：

表 2-6　晶体二极管检测记录表（二）　　　　　挡位：＿＿＿＿＿＿＿＿

测量值	较小Ω值，约＿＿Ω		较大Ω值，约＿＿Ω	
表笔	黑	红	黑	红
极性				

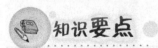
知识要点

1. 万用表面板的认识

指出下面各图上所示按键或插孔的名称：

————   ————   ————   ————

————   ————   ————   ————

2. 选择题

（1）调整欧姆零点后，用"×10"挡测量一个电阻的阻值，发现表针偏转角度极小，那么正确的判断和做法是（   ）。

    A．这个电阻值很小

    B．这个电阻值很大

    C．为了把电阻值测得更准确些，应换用"×1"挡，重新调整欧姆零点后测量

    D．为了把电阻值测得更准确些，应换用"×100"挡，重新调整欧姆零点后测量

（2）用万用表测直流电压 U 和测电阻 R 时，若红表笔插入万用表的（＋）插孔，则（   ）。

    A．测 U 时电流从红表笔流入万用表，测 R 时电流从红表笔流出万用表

    B．测 U、测 R 时，电流均从红表笔流入万用表

    C．测 U、测 R 时，电流均从红表笔流出万用表

    D．测 U 时电流从红表笔流出万用表，测 R 时电流从红表笔流入万用表

（3）欧姆表是由表头、干电池和调零电阻等串联而成的，有关欧姆表的使用和连接，正确的叙述是（   ）。

    A．测电阻前要使红黑表笔相接，调节调零电阻，使表头的指针指零

    B．红表笔与表内电池的正极相接，黑表笔与表内电池的负极相接

    C．红表笔与表内电池的负极相接，黑表笔与表内电池的正极相接

    D．测电阻时，表针偏转角度越大，待测电阻值越大

（4）甲、乙两同学使用欧姆挡测同一个电阻时，他们都把选择开关旋到"×100"挡，并能正确操作。他们发现指针偏角太小，于是甲就把开关旋到"×1k"挡，乙把选择开关旋到"×10"挡，但乙重新调零，而甲没有重新调零，则以下说法正确的是（   ）。

    A．甲选挡错误，而操作正确

    B．乙选挡正确，而操作错误

    C．甲选挡错误，操作也错误

    D．乙选挡错误，而操作正确

（5）用欧姆表测一个电阻 R 的阻值，选择旋钮置于"×10"挡，测量时指针指在 100

与 200 刻度的正中间，可以确定（　　　）。

    A．$R=150\Omega$

    B．$R=1500\Omega$

    C．$1000\Omega<R<1500\Omega$

    D．$1500\Omega<R<2000\Omega$

（6）在使用万用表的欧姆挡测电阻时，应（　　　）。

    A．使用前检查指针是否停在欧姆挡刻度线的"∞"处

    B．每次测量前或每换一次挡位，都要进行一次电阻调零

    C．在测量电阻时，电流从黑表笔流出，经被测电阻到红表笔，再流入万用表

    D．测量时若发现表针偏转的角度较小，应该更换倍率较小的挡来测量

3. 填空题

（1）图 2-1 为一正在测量中的万用表表盘。

① 如果是用"×10Ω"挡测量电阻，则读数为＿＿＿＿Ω。

② 如果是用直流"10mA"挡测量电流，则读数为＿＿＿mA。

③ 如果是用直流"5V"挡测量电压，则读数为＿＿＿＿V。

（2）① 用万用表的欧姆挡测量阻值约为几十 kΩ 的电阻 R_x，以下给出的是可能的操作步骤，其中 S 为选择开关，P 为欧姆挡调零旋钮，把你认为正确步骤前的字母按合理的顺序填写在横线上＿＿＿＿。

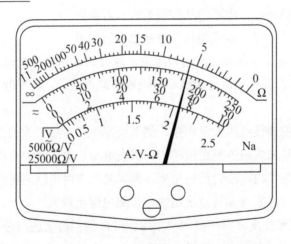

图 2-1

a．将两表笔短接，调节 P 使指针对准刻度盘上欧姆挡的零刻度，断开两表笔

b．将两表笔分别连接到被测电阻的两端，读出 R_x 的阻值后，断开两表笔

c．旋转 S 使其尖端对准欧姆挡"×1k"

d．旋转 S 使其尖端对准欧姆挡"×100"

e．旋转 S 使其尖端对准"OFF"挡，并拔出两表笔

② 正确操作后，万用表的指针位置如图 2-2 所示，此被测电阻 R_x 的阻值约为_____Ω。

（3）用欧姆表测同一定值电阻的阻值时，分别用"×1"、"×10"、"×100"三个挡测量三次，指针所指位置如图 2-3 中的①、②、③所示，为了提高测量的准确度应选择的是_____挡，被测电阻值约为_____Ω。

图 2-2

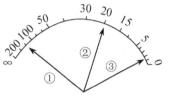
图 2-3

（4）一万用表的工作状态如图 2-4 所示，则此时的测量值为_____，如果选择开关打在底部"250"挡，则此时的测量值为_____，指在底部"10"挡的测量值应该是_____，选择开关指在左侧"100"挡处测量值应为_____，如果指在左侧"10"挡处应该为_____。在测量电阻时，要想使指针向左侧偏转一些，应该把选择开关换选_____的挡位（填"更大"或"更小"），而在换挡之后重新测量之前，要重新进行_____。

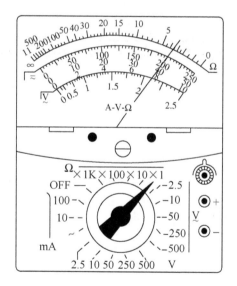
图 2-4

4．思考题

（1）能否用万用表的欧姆挡去测电源内阻和微安表表头的内阻？为什么？

_____

_____

_____

（2）万用表可以用来检测哪些信号？

（3）万用表打到电流挡时一定不可以并入电路！考虑一下为什么？

（4）万用表测量高压时要注意哪些方面？

综合评定

1. 自我评价

（1）本任务我学会和理解了：

_____

_____

_____

_____

_____

（2）我最大的收获是：

_____

_____

_____

_____

_____

_____

_____

（3）我的课堂体会是：快乐（　）、沉闷（　）

（4）学习工作页是否填写完毕？是（　）、否（　）

（5）工作过程中能否与他人互帮互助？能（　）、否（　）

2. 小组评价

（1）学习页是否填写完毕？

评价情况：是（　）、否（　）

（2）学习页是否填写正确？

错误个数：1（　）2（　）3（　）4（　）5（　）6（　）7（　）8（　）

（3）工作过程当中有无危险动作和行为？

评价情况：有（　）、无（　）

（4）能否主动与同组内其他成员积极沟通，并协助其他成员共同完成学习任务？

评价情况：能（　）、不能（　）

（5）能否主动执行作业现场 6S 要求？

评价情况：能（　）、不能（　）

3. 教师评价

综合考核评比表如表 2-7 所示。

表 2-7　任务二综合考核评比表

序号	考核内容	评分标准	配分	自我评价 0.1	小组评价 0.3	教师评价 0.6	得分
1	任务完成情况	知识要点中练习题质量评分	10分				
		万用表的使用操作是否规范，量程及功能选择是否合理，电路连接是否正确	15分				
		有关万用表的测量各项任务是否完成	15分				
2	责任心与主动性	如果丢失或故意损坏实训物品，全组得0分，不得参加下一次实训学习	15分				
		主动完成课堂作业，完成作业的质量高，主动回答问题	10分				
3	团队合作与沟通	团队沟通，团队协作，团队完成作业质量	10分				
4	课堂表现	上课表现（上课睡觉，玩手机，或其他违纪行为等）一次全组扣5分	15分				
5	职业素养（6S标准执行情况）	无安全事故和危险操作，工作台面整洁，仪器设备的使用规范合理	10分				
6	总分						

获得等级：90分以上（　）☆☆☆☆☆　　　积5分

　　　　　75～90分（　）☆☆☆☆　　　积4分

　　　　　60～75分（　）☆☆☆　　　　积3分

　　　　　60分以下（　）　　　　　　　积0分

　　　　　50分以下（　）　　　　　　　积-1分

注：学生每完成一个任务可获得相应的积分，获得90分以上的学生可评为项目之星。

教师签名：＿＿＿＿＿＿＿＿＿

日期：　　　年　　月　　日

2.2 学习页

 学习目标

1. 指针式万用表

（1）指针式万用表的面板认识
（2）指针式万用表的使用方法
（3）指针式万用表的使用注意事项

2. 数字式万用表

（1）数字式万用表的面板认识
（2）数字式万用表的使用方法
（3）数字式万用表的使用注意事项

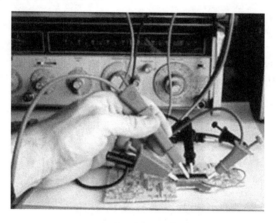

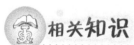 相关知识

　　万用表是集电压表、电流表和欧姆表于一体的仪表。一般的万用表可以测量直流电压、交流电压、直流电流、交流电流、电阻，有些万用表还可以测量三极管放大倍数、频率、电容、分贝等。

　　万用表可分为指针式万用表和数字式万用表两大类。

一. 指针式万用表

（1）指针式万用表外观

指针式万用表又称模拟式万用表，它能把被测的各种物理量都转换成仪表指针的偏转角。它是用一只高灵敏度的磁电式直流电流表作表头，当有微小电流通过表头时，就会有电流指示。但是由于表头不能通过较大的电流，所以必需与表头并联或串联一些电阻，起到分流或降压作用，从而测出电路中的电压、电流和电阻值。

万用表的主要性能指标基本上取决于表头的性能。表头的灵敏度是指表头指针满刻度偏转时流过表头的直流电流值，这个值越小，表头的灵敏度越高。测电压时的内阻越大，其性能就越好。

指针式万用表的外观如图 2-5 所示。

图 2-5　指针式万用表的外观

（2）指针式万用表面板介绍

不同的指针式万用表面板样式略有不同，图 2-6 所示为南京科华 MF-47 指针式万用表的前面板图，图 2-7 其为后面板图，图 2-8 为其表笔图。

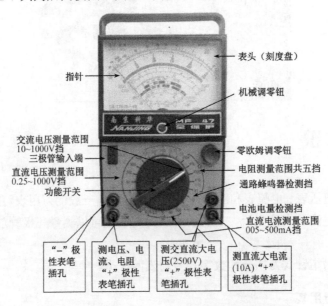

图 2-6　南京科华 MF-47 指针式万用表的前面板

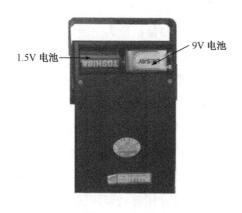

图 2-7　后面板

图 2-8　表笔

① 表头。万用表的功能很多，因此表头上通常有很多刻度线和刻度值，如图 2-9 所示。

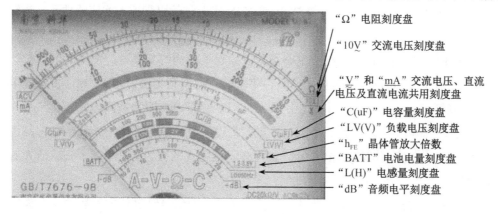

图 2-9　南京科华 MF-47 指针式万用表的表头

a. "Ω" 电阻刻度盘。电阻刻度位于表盘的最上面，在它的两侧都标有 "Ω"，与其他刻度线不同，它的零位在右侧，而且刻度也不是均匀分布的，而是从右到左，由疏变密。

指针式万用表的最终电阻测量值为：刻度盘指针读数×所选取的电阻测量挡的量程。如选取的电阻测量挡的量程为 "×100" 挡，指针读数为 "20"，则电阻最终测量值为：20×100=2000Ω。

b. 交、直流电压和直流电流共用刻度盘。交、直流电压和直流电流是共用同一刻度盘的，在左边标有 "$\underset{\sim}{mA}$"，右边标有 "$\underset{\sim}{V}$"，它的零位在线的左侧。注：第二条红色刻度线是测量交流 10V 电压的专用刻度线。

为了计算和读数方便，在第一条标记为 "0～10" 的刻度盘进行测量数据读取时，将测量挡位选在交直流电压为 "10"、"1000" 挡处；在第二条标记为 "0～50" 的刻度盘进行测量数据读取时，将测量挡位选在交直流电压为 "0.5"、"50"、"500" 和直流电流为 "0.05"、"0.5"、"5"、"50" 挡处；在第三条标记为 "0～250" 的刻度盘进行测量数据读取时，将测量挡位选在交直流电压为 "0.25"、"2.5"、"250" 档处；

指针式万用表的最终交直流电压和直流电流测量值为：表盘指针读数×所选挡位量程与

此表盘指针读数所在刻度线的最大数值的倍数。如选择的测量挡位为交流电压"100",指针读数为读取的"0～10"上的"6",则它的最终读数为:6×(100/10)=60V。

c. "C(uF)"电容量刻度盘。电容刻度盘左边为零位,两侧都标有"C(uF)",也是一条不均匀的刻度,从左到右,由疏变密。被测电容接在表笔两端,表针摆动的最大指示值即为该电容容量。随后表针将逐步退回,表针停止位置即为该电容的品质因数值。

d. "LV(V)"负载电压刻度盘。负载电压刻度盘右边为零位,两侧都标有"LV(V)",测量范围为"0～1.5V"。主要用于测量在不同的电流下非线性器件电压降性能参数或反抽电压降性能参数。如发光二极管、整流二极管及三极管等。使用时功能旋钮可调到"R×1"、"R×10"、"R×100"、"R×1k"。

e. "h_{FE}"晶体管放大倍数。晶体管刻度盘左边为零位,将功能旋钮调到"R×10h_{FE}"处,用同"Ω"挡相同的方法调零后,将 PNP 或 NPN 型晶体管引脚插入相应的插孔,表针指示值即为该管的直流放大倍数。

f. "L(H)"电感量刻度盘。电感量刻度盘也是不均匀刻度盘,使用此刻度时,首先需要准备交流 10V/50Hz 标准电压源一只,将功能旋钮调到交流"10V"挡,将需测电感串接于任一表笔而后跨接于 10V 电源输出端,此时表针指示值即为被测电感值。

g. "dB"音频电平刻度盘。音频电平刻度盘位于表头的最下面一条线,在它的两侧都有"dB"标志,刻度两端的"-10"和"22"表示其量程范围,主要是用于测量放大器的增益或衰减值。

电信号在传输过程中,功率会受到损耗而衰减,而信号经过放大器后功率会被放大。计量传输过程中这种功率放大或衰减的单位叫传输单位,用分贝表示,实质上是用于对数值表示放大或衰减的量,其单位符号是 dB。

测量时若使用交流电压最低挡,则 dB 值可在分贝刻度线上直接读数;若是用其他挡,则读数应加附加分贝数。如果负载电阻不与刻度尺所用的标准电阻相同,其读数需要通过换算得到。

h. "BATT"电池电量刻度盘。使用电池电量刻度线,可供测量 1.2～3.6V 各类电池(不包括纽扣电池)电量用,负载电阻 R_L 为 7.5～8Ω。测量时将电池按正确极性搭在两表笔上,观察表盘上 BATT 对应的刻度,分别为"1.2V"、"1.5V"、"2V"、"3V"、"3.6V"刻度。绿色区域表示电池电力充足,"?"区域表示电池尚能使用;红色区域表示电池电力不足。测量纽扣电池及小容量电池时,可用直流"2.5V"电压挡进行(R_L=50kΩ)测量。

② 机械调零钮。机械调零钮位于表头下方的中央位置,用于进行万用表的机械调零。正常情况下,指针式万用表的表笔开路时,表的指针应指在左侧"0"刻度线的位置。如果指针没有指到"0"刻度线的位置,就必须进行机械调零,以确保测量值的准确。

③ 零欧姆调零旋钮。零欧姆调零旋钮用于调整万用表测量电阻时的准确度,万用表测量电阻时需要万用表自身的电池供电,且在万用表的使用过程中,电池也会不断地损耗,会导致万用表测量电阻时的精确度下降,所以测量电阻前都要先进行零欧姆调零。

④ 功能旋钮。功能旋钮位于操作面板的中心位置，在它的四周有量程刻度盘，可选择测量电压、电流、电阻等。测量时，只需要调整中间的功能旋钮，使其指示到相应的挡位及量程刻度，即可进行相应的测量。

⑤ 三极管输入端。在操作面板的左上角有两组测量端口，它们是专门用来测量三极管的直流放大倍数的，在端口的下方标识"N"、"P"的字符，分别表示专门用于对"PNP"、"NPN"型三极管进行检测的。

⑥ 表笔插孔。通常指针式万用表的操作面板下面有 2～4 个插孔，是用来与万用表表笔相连的插孔，每个插孔都用符号进行标识。

⑦ 表笔。万用表表笔有两只，分别用红色和黑色标识，用于与待测电路或元件与万用表之间的连接。

（3）指针式万用表的使用方法

① 准备工作。指针式万用表使用前的准备工作，见表 2-8。

表 2-8　指针式万用表使用前的准备工作

步骤	图示	操作方法
连接测量表笔	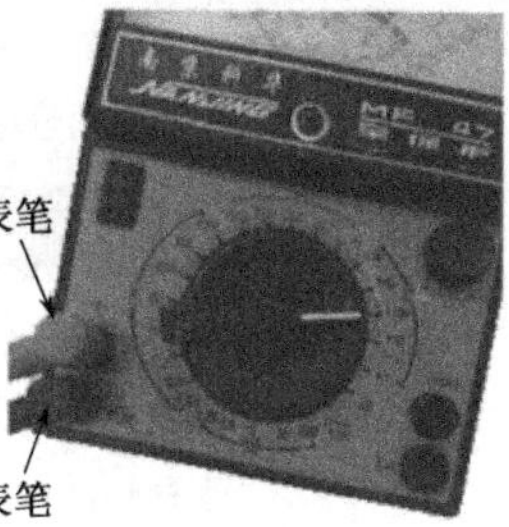 图2-10　连接测量表笔	指针式万用表有两支表笔，分别用红色和黑色标识，测量时将红色的表笔插到"＋"端，黑色的表笔插到"－"或"COM"端，如图2-10所示。
机械调零	 图2-11　机械调零	指针式万用表的表笔开路时，表的指针应指在左侧零刻度线的位置。如果指针没有指到零刻度线的位置，可用螺丝刀微调调零螺母，使指针处于零位置，如图2-11所示 　　注：这个校正并不需要经常使用，只有当万用表长时间使用，其机械性能有所下降后，才会出现表头指针偏离状态

步骤	图示	操作方法
设置测量范围	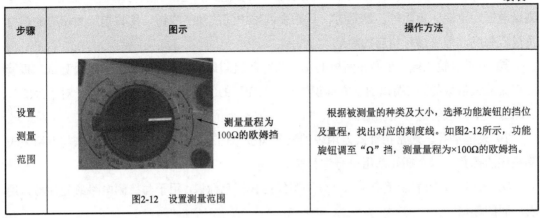 测量量程为100Ω的欧姆挡 图2-12 设置测量范围	根据被测量的种类及大小，选择功能旋钮的挡位及量程，找出对应的刻度线。如图2-12所示，功能旋钮调至"Ω"挡，测量量程为×100Ω的欧姆挡。

　　② 测量电流。用指针式万用表测量电流时，与电流表检测电流相同，需要串联在待测电路中进行电流检测，并在检测直流电流时，要注意正负极性的连接，而检测交流电流时，则不需要考虑极性连接，操作步骤见表2-9。

表2-9　指针式万用表测量电流的操作步骤

步骤	图示	操作方法
步骤一	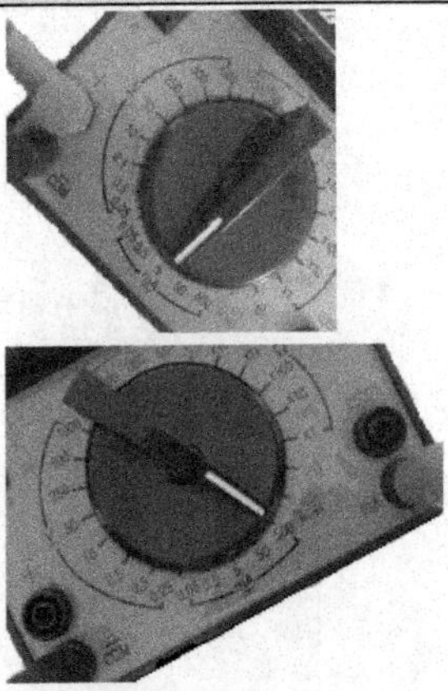 图2-13　选择合适的量程及连接表笔	指针式万用表检测电流前，要先选测合适的量程： 　　如图2-13所示：测0.05～500mA直流电流时，将红表笔连接到"＋"极性插孔，黑表笔连接到"－"或"COM"极性插孔，再将功能旋钮调整至所需电流挡； 　　测量10A直流电流时，将红表笔连接到直流10A插孔，黑表笔连接到"－"或"COM"极性插孔，再将功能旋钮调整至500mA直流电流量程上。
步骤二	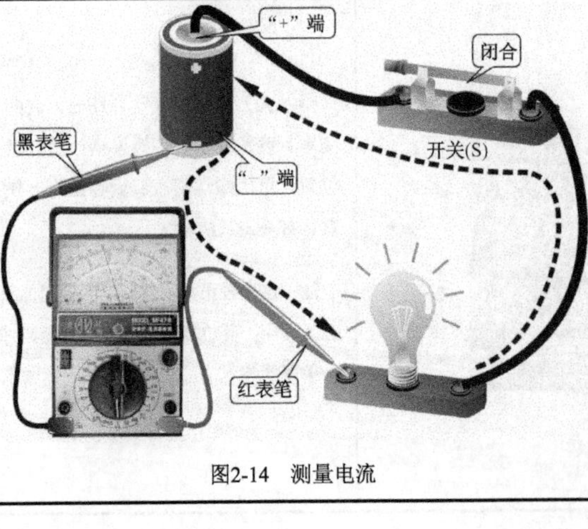 "+"端　　闭合 开关(S) 黑表笔　"－"端 红表笔 图2-14　测量电流	检查万用表的指针是否趋近于零后，将万用表串联接入待测电路中，红表笔（正极端）连接电路的正极端，黑表笔（负极）连接电路的负极端，如图2-14所示，即可检测出电流值

③ 测量电压。用指针式万用表测量电压时，与电压表检测电压相同，需要并联在待测电路中进行电压检测，并在检测直流电压时，要注意正负极性的连接，而检测交流电压时，则不需要考虑极性连接，操作步骤见表2-10。

表2-10　指针式万用表测量电压的操作步骤

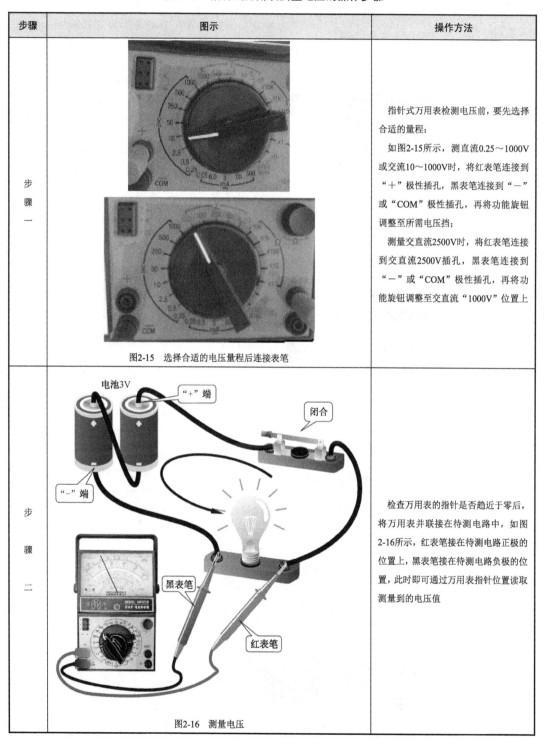

步骤	图示	操作方法
步骤一	图2-15　选择合适的电压量程后连接表笔	指针式万用表检测电压前，要先选择合适的量程： 如图2-15所示，测直流0.25～1000V或交流10～1000V时，将红表笔连接到"＋"极性插孔，黑表笔连接到"－"或"COM"极性插孔，再将功能旋钮调整至所需电压挡； 测量交直流2500V时，将红表笔连接到交直流2500V插孔，黑表笔连接到"－"或"COM"极性插孔，再将功能旋钮调整至交直流"1000V"位置上
步骤二	电池3V　"＋"端　闭合　"－"端　黑表笔　红表笔　图2-16　测量电压	检查万用表的指针是否趋近于零后，将万用表并联接在待测电路中，如图2-16所示，红表笔接在待测电路正极的位置上，黑表笔接在待测电路负极的位置，此时即可通过万用表指针位置读取测量到的电压值

④ 测量电阻。用指针式万用表测量电阻前首先要装上电池（1.5V 和 9V 各一只）并进行零欧姆调整，但不需要考虑万用表的正负极连接。操作步骤见表 2-11。

表 2-11　指针式万用表测量电阻的操作步骤

步骤	图示	操作方法
步骤一	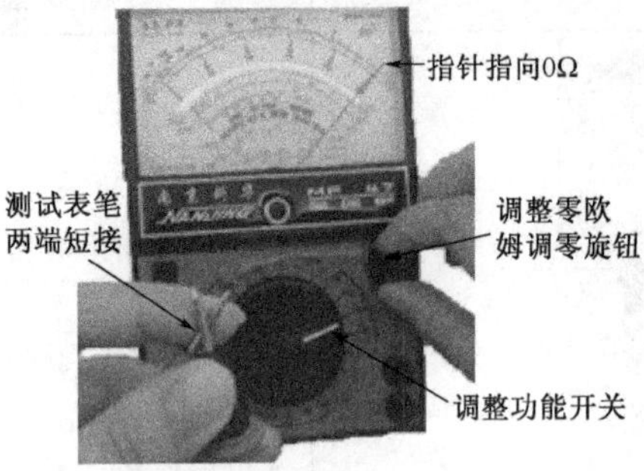 指针指向0Ω 调整零欧姆调零旋钮 测试表笔两端短接 调整功能开关 图2-17　零欧姆调整	零欧姆调整：将功能旋钮调至所需测量的电阻挡，然后将测试表笔两端短接，这时指针应指向0Ω（表盘的右侧，电阻刻度的"0"值），如果指针不在0Ω处，就调整零欧姆旋钮使万用表指针指向0Ω，如图2-17所示。 注意：在进行电阻测量时每变换一次挡位，就需要重新通过调整零欧姆旋钮进行零欧姆调整，这样才能确保测量值的准确。 进行欧姆调零时，如果出现两表笔短接后，无论怎样调节欧姆调零旋钮，指针都不指到欧姆零位，很有可能是表内电池电压下降过多造成的，只需要更换新的电池即可
步骤二	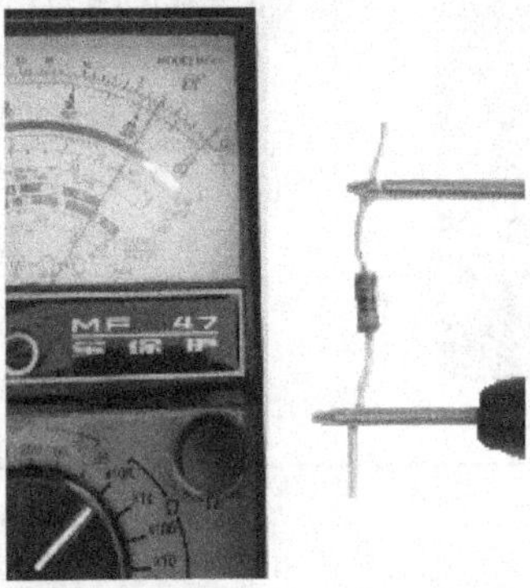 图2-18　测量电阻	将万用表的红黑表笔分别接在待测电阻的两端，如图2-18所示，即可检测出待测电阻的电阻值

⑤ 测量晶体管。用指针式万用表检测晶体管放大倍数时，待测晶体管的各个引脚标识必须为已知标识。其检测步骤见表 2-12。

表 2-12　指针式万用表测晶体管放大倍数的操作步骤

步骤	图示	操作方法
步骤一	 图2-19　选择合适的功能	将万用表的功能旋钮调整至"hFE"挡，如图2-19所示

续表

步骤	图示	操作方法
步骤二	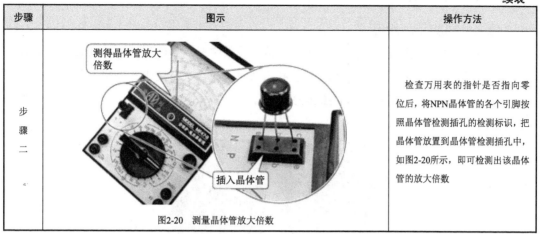 图2-20　测量晶体管放大倍数	检查万用表的指针是否指向零位后，将NPN晶体管的各个引脚按照晶体管检测插孔的检测标识，把晶体管放置到晶体管检测插孔中，如图2-20所示，即可检测出该晶体管的放大倍数

（4）指针式万用表的使用注意事项

① 为了使万用表能长期正确地使用，应定期使用精密仪器进行校正。这样才能使万用表的读数与基准值相同，保证误差在允许的范围之内。

② 检查红黑两支表笔的笔杆和引线是否完好，有无破损，如果有破损，要及时修复或者换新，以免在测试高压时有触电危险。

③ 检查表内电池是否正确装好，电压是否足够，指针式万用表内的电池是在测量电阻值时起作用的，电池的电量消耗以后，要重新进行零欧姆调整，测量才能正确。更换新电池后，也要重新进行零欧姆调整。

④ 测量前，要根据被测物理量（电流、电压、电阻等）的项目和大小，正确选择万用表上的测量挡位及量程范围。如果已知被测物理量的数量级，就选择与其相对应的数量级量程。如果事先不清楚被测物理量的数量级，则应先拨至最高量程挡开始试测，当指针偏转角太小而无法精确读数时，再逐渐把量程减小，使指针得到较大的偏转。一般以指针偏转角在满刻度的 30%～70%为合适的量程。如果用小电压量程去测量大电压，小电流量程去测量大电流，会有烧表的危险；反过来，如果用大量程去测量小电压、小电流，那么指针偏转角度太小，就无法准确读数。

⑤ 测量直流电流时，万用表应与被测电路串联，禁止将万用表直接跨接在被测电路的电压两端，以防止万用表过负荷而损坏。

⑥ 测量电路中的电阻器阻值时，应将被测电路的电源断开，如果电路中有电容器，应先将其放电后才能测量。切勿在电路带电情况下用电阻挡或电流挡测量电阻器。

⑦ 在测量高压时要注意安全，当被测电压超过几百伏时应选择单手操作测量，即先将黑表笔固定在被测电路的公共端，再用一只手持红表笔去接触测试点。当被测电压在 1 000V 以上时，必须使用高压探头（高压探头分直流和交流两种）。普通表笔及引线的绝缘性能较差，不能承受 1 000V 以上的电压。禁止在测量高压（1 000V 以上）或大电流（0.5A 以上）时拨动量程开关，以免产生电弧将转换开关的触点烧毁。

2. 数字式万用表

（1）数字式万用表外观

数字式万用表是把被测的各种物理量先转换成数字量，最终以数字形式显示出测量结果。数字式万用表的种类多种多样，这里主要以便携式数字万用表为例来介绍数字式万用表的使用。数字式万用表的外观如图 2-21 所示。

图 2-21　数字式万用表的外观

（2）数字式万用表面板介绍

不同的数字式万用表面板略有不同，图 2-22 所示为泰坦 DT9205 数字式万用表的面板。

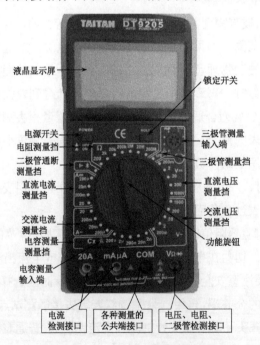

图 2-22　DT9205 数字式万用表的面板

① 液晶显示屏。液晶显示屏用来显示当前测量物理量的最终数值。

② 功能开关。

a. 电源开关：在其上方标识有"POWER"字符，用于打开或关闭数字万用表。

b. 锁定开关：在其上方标识有"HOLD"字符，按下此键，仪表当前所测数值就会保持在液晶屏上，并出现"**D.H**"符号；直到再次按下，"**D.H**"符号消失，即退出保持状态。

③ 功能旋钮。功能旋钮位于操作面板的中心位置，跟指针式万用表的功能旋钮一样，在它的四周有量程刻度盘，用于选择测量包括电压、电流、电阻、电容等。

测量时，只需要调整中间的功能旋钮，使其指示到相应的挡位及量程刻度，即可进入相应的测量，结果在液晶屏上显示。

如果是自动量程式数字万用表，在功能旋钮的四周只有测量功能的选择，没有具体的测量量程。

④ 电容测量输入端。在操作面板的左下角有两个长条形的插孔，旁边标识有"C_X"字符，表示为电容插座。测量时，只需把待测电容的引脚插入相应的插孔即可。

⑤ 三极管输入端。在液晶显示器的右下角有一个小圆盘，由八个小孔围成一个圆形分布于其中，每个孔旁边都标有一个字符，这就是测量三极管的输入端。它们分为两组，左边由四个小孔组成，分别标识有"E"、"B"、"C"、"E"，表示发射极、基极、集电极、发射极。可以发现有两个发射极插孔，在测量时，根据方便，选择其中一个即可，与其他两个孔一起测量三极管的本根引线，在其上标识有"PNP"，表示测量的为 PNP 型三极管；与其相对的右半圆另外四个小孔，与左边四个小孔的标识用法一样，所不同的是在其上方标识有"NPN"，表示这四个小孔是用来测量 NPN 型三极管。

⑥ 表笔插孔。通常数字式万用表的操作面板下面有四个插孔，分别标识为"20A"、"mAμA"、"COM"、"VΩ⊣⊢"，它们是用来与万用表笔相连的表笔插孔，具体的用法与指针式万用表相似。

⑦ 表笔。万用表表笔有两只，分别用红色和黑色标识，用于将待测电路或元件与万用表之间连接起来。

（3）数字式万用表的使用方法

① 准备工作。数字式万用表使用前的准备工作，见表 2-13。

表 2-13　数字式万用表使用前的准备工作

步骤	图示	操作方法
连接测量表笔	 图2-23　连接测量表笔	数字式万用表也有两支表笔，分别用红色和黑色标识，测量时将红色的表笔插到"VΩ⊣⊢"端，黑色的表笔插到"COM"端，如图2-23所示

续表

步骤	图示	操作方法
设置测量范围	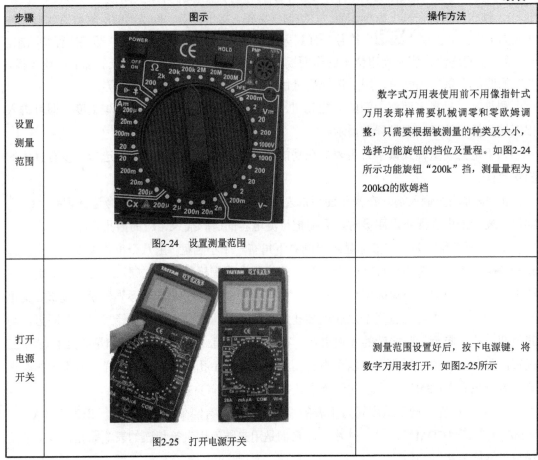图2-24　设置测量范围	数字式万用表使用前不用像指针式万用表那样需要机械调零和零欧姆调整，只需要根据被测量的种类及大小，选择功能旋钮的挡位及量程。如图2-24所示功能旋钮"200k"挡，测量量程为200kΩ的欧姆档
打开电源开关	图2-25　打开电源开关	测量范围设置好后，按下电源键，将数字万用表打开，如图2-25所示

　　② 测量电流。用数字式万用表测量电流时，与指针式万用表相同，需要串联在待测电路中进行电流检测。在检测直流电流时，要注意正负极性的连接，而检测交流电流时，则不需要考虑极性连接，操作步骤见表2-14。

表2-14　数字式万用表测量电流的操作步骤

步骤	图示	操作方法
步骤一	图2-26　选择合适量程及连接表笔	打开数字式万用表的开关后，在用数字式万用表检测电流前，要先选择合适的量程： 　如图2-26所示，测0～200mA时，将红表笔连接到"mAμA"极性插孔，黑表笔连接到"COM"极性插孔，再将功能旋钮调整至所需交直流电流； 　测量20A时，将红表笔连接到"20A"插孔，黑表笔连接到"COM"极性插孔，再将功能旋钮调整至"20A"交、直流电流量程上

续表

步骤	图示	操作方法
步骤二	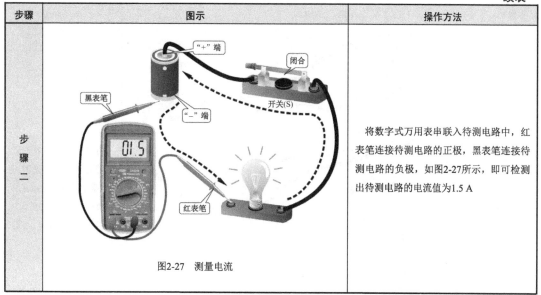 图2-27　测量电流	将数字式万用表串联入待测电路中，红表笔连接待测电路的正极，黑表笔连接待测电路的负极，如图2-27所示，即可检测出待测电路的电流值为1.5 A

③ 测量电压。用数字式万用表测量电压时，与指针式万用表相同，需要并联在待测电路中进行电压检测，并在检测直流电压时，要注意正负极性的连接，而检测交流电压时，则不需要考虑极性连接，操作步骤见表 2-15。

表 2-15　数字式万用表测量电压的操作步骤

步骤	图示	操作方法
步骤一	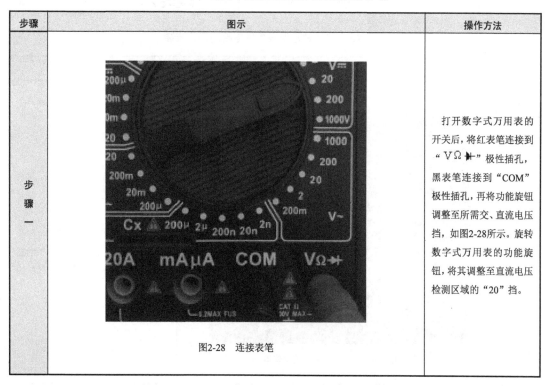 图2-28　连接表笔	打开数字式万用表的开关后，将红表笔连接到"V Ω ⊣⊢"极性插孔，黑表笔连接到"COM"极性插孔，再将功能旋钮调整至所需交、直流电压挡，如图2-28所示。旋转数字式万用表的功能旋钮，将其调整至直流电压检测区域的"20"挡。

步骤	图示	操作方法
步骤二	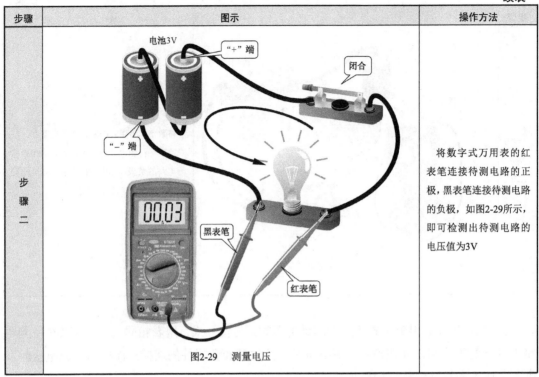 图2-29　测量电压	将数字式万用表的红表笔连接待测电路的正极，黑表笔连接待测电路的负极，如图2-29所示，即可检测出待测电路的电压值为3V

　④ 测量电阻。用数字式万用表测量电阻与指针式万用表不同，数字式万用表不必进行零欧姆调整，也不需要考虑万用表的正负极连接。操作步骤见表2-16。

表2-16　数字式万用表测量电阻的操作步骤

步骤	图示	操作方法
步骤一	图2-30　选择合适的量程及连接表笔	打开数字式万用表的开关后，将两只表笔分别连接到" VΩ⊬"极性插孔和"COM"极性插孔，再将功能旋钮调整至所需电阻测量挡。如图2-30所示，旋转数字式万用表的功能旋钮，将其调整至电阻测量区域的"200k"挡

续表

步骤	图示	操作方法
步骤二	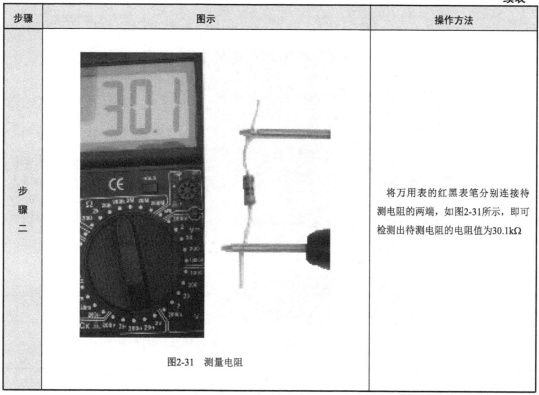 图2-31 测量电阻	将万用表的红黑表笔分别连接待测电阻的两端，如图2-31所示，即可检测出待测电阻的电阻值为30.1kΩ

⑤ 测量晶体管。用数字式万用表检测晶体管放大倍数时，待测晶体管的各个引脚标识必须为已知标识。其检测步骤见表2-17。

表2-17 数字式万用表测晶体管放大倍数的操作步骤

步骤	图示	操作步骤
步骤一	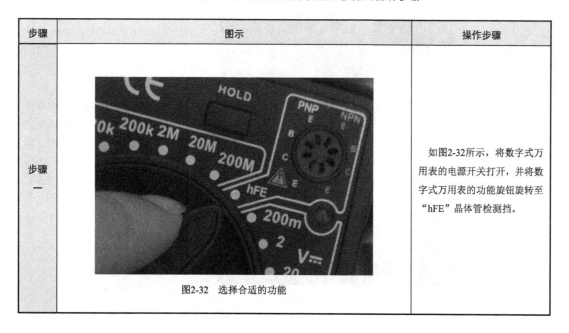 图2-32 选择合适的功能	如图2-32所示，将数字式万用表的电源开关打开，并将数字式万用表的功能旋钮旋转至"hFE"晶体管检测挡。

步骤	图示	操作步骤
步骤二	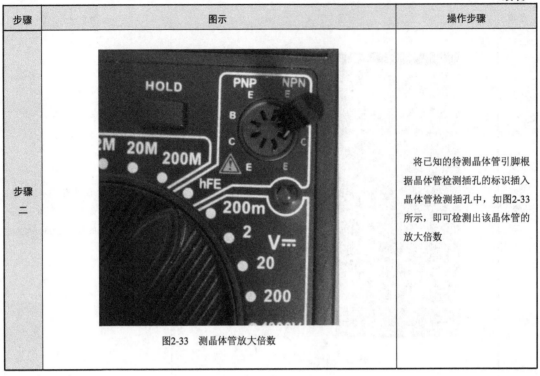 图2-33 测晶体管放大倍数	将已知的待测晶体管引脚根据晶体管检测插孔的标识插入晶体管检测插孔中，如图2-33所示，即可检测出该晶体管的放大倍数

⑥ 测量电容。用数字式万用表测电容的操作步骤见表 2-18。

表 2-18 数字式万用表测量电容的操作步骤

步骤	图示	操作步骤
步骤一	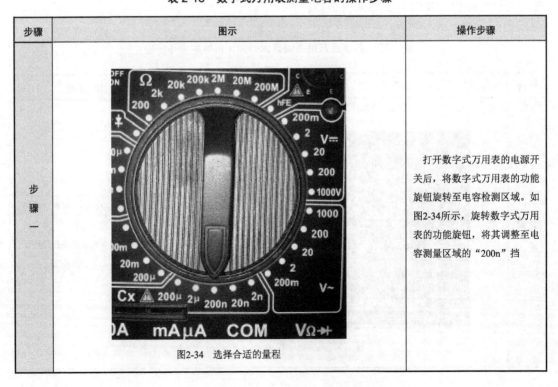 图2-34 选择合适的量程	打开数字式万用表的电源开关后，将数字式万用表的功能旋钮旋转至电容检测区域。如图2-34所示，旋转数字式万用表的功能旋钮，将其调整至电容测量区域的"200n"挡

续表

步骤	图示	操作步骤
步骤二	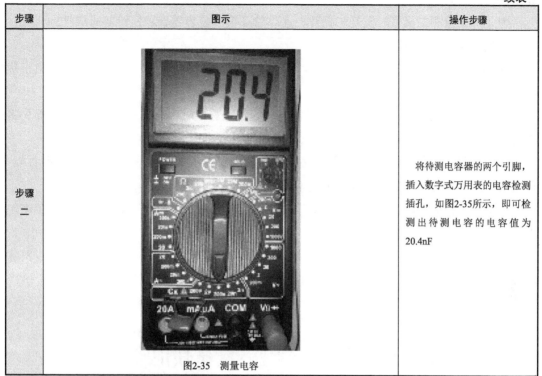 图2-35　测量电容	将待测电容器的两个引脚，插入数字式万用表的电容检测插孔，如图2-35所示，即可检测出待测电容的电容值为20.4nF

（4）数字式万用表的使用注意事项

① 由于数字万用表属于多功能精密电子测量仪表，因此，在使用之前，应仔细阅读数字万用表的说明书，熟悉电源电路开关、功能及量程转换开关、功能键（如读数保持键、交流/直流切换键、存储键等）、输入插口以及专用插口（如晶体管插口 hEF、电容器插口 CAP 等）、仪表附件（如测温探头、高压探头、高频探头等）的作用。

② 注意数字万用表的极限参数。掌握出现过载显示、极限显示、低电压指示以及其他声光报警的特征。

③ 在刚开始测量时，数字万用表可能会出现跳数现象，应等到 LCD 液晶显示屏上所显示的数值稳定后再读数。这样才能确保读数的正确。

④ 测量电压时，数字万用表与被测电路并联。

由于数字万用表具有自动转换并显示极性的功能，因此，在测量直流电压时不必考虑表笔的接法。

测量电流时，数字万用表与被测电路串联，同样不必考虑表笔的接法，但是当被测电流源内阻很低时，应尽量选择较高的电流量程，以减少分流电阻上的压降，提高测量的准确度。

⑤ 测量电阻、检测二极管和检查线路通断时，红表笔应接 V/Ω 插孔（或 mA/V/Ω 插孔）。

此时，红表笔带正电，黑表笔接 COM 插孔而带负电。这与指针式万用表的电阻挡正好相反。

因此，在检测二极管、发光二极管、晶体管、电解电容器、稳压管等有极性的元器件时，必须注意表笔的极性。

⑥ 使用钳型表测量交流信号时，必须用钳口套入 1 根电源线，否则不能测量出正确的值。

⑦ 在测量高压时要注意安全，当被测电压超过几百伏时应选择单手操作测量，即先将黑表笔固定在被测电路的公共端，再用一只手持红表笔去接触测试点。

⑧当被测电压在 1 000V 以上时，必须使用高压探头（高压探头分直流和交流两种）。普通表笔及引线的绝缘性能较差，不能承受 1 000V 以上的电压。

⑨禁止在测量高压（1 000V 以上）或大电流（0.5A 以上）时拨动量程开关，以免产生电弧将转换开关的触点烧毁。

⑩ 如图 2-36 所示，测量交流电压时，最好用黑表笔接触被测电压的零线端，以消除仪表输入端对地分布电容的影响，减小测量误差。应注意人体不要触及交流 220V 或 380V 电源，以免触电。

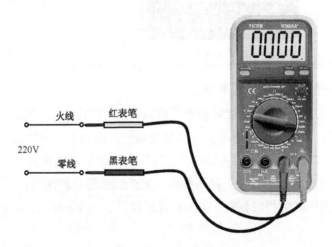

图 2-36　用数字万用表测量交流电压

 知识拓展

台式数字万用表

台式数字万用表是比较专业的万用表，这种万用表检测精度比较高，而且具有文字显示功能及菜单显示功能，并可通过数字插口与计算机相连，所测得的数据由计算机进行分析处理。

图 2-37 为多功能型台式数字万用表 3238　DIGITAL HiTESTER 面板图。

它是高速 DMM199999 数位显示，高精度，多功能型。采样速率高达 300 次/s（3.3ms/

样点）；比较器功能提供高速合格/不合格评估；配备外部输入/输出用于时序控制；有用的存储/调用。

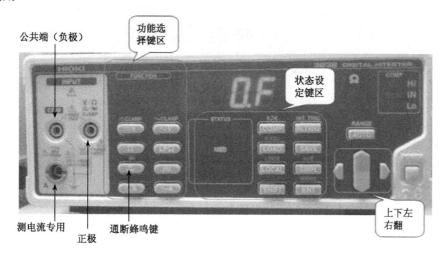

图 2-37　多功能型台式数字万用表面板

任务三

电桥的使用

3.1 工作页

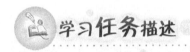 学习**任务**描述

1. 提出任务

在生产变压器的企业中，有一道工序是检查绕组导电回路是否存在短路、开路或接错线，检查绕组导线的焊接点、引线与套管的连接处是否良好、分接开关有无接触不良等。我们应该用什么仪器检测呢？

2. 引导任务

对变压器进行检测时，我们可以用交流电桥测量绕组的直流电阻，通过对电阻值的检测与分析，可以判定变压器符不符合生产工艺要求。

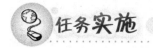
任务实施

实施步骤:

（1）教学组织

教学组织流程如下图所示。

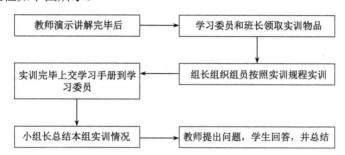

教师讲解完毕,让小组组长分列站好,听到老师指令后按照老师演示的动作规范操作。

分组实训:每3人一组,每组小组长一名。

（2）必要器材/必要工具

① QS18电桥1台。

② 电阻、电感和电容若干。

③ 导线若干。

④ 变压器1台。

（3）任务要求

① 查阅相关资料与学习页,设计出测量变压器的操作步骤

_____

_____

_____

_____

_____

_____

② 用电桥检测电阻、电感和电容

③ 变压器绕组直流电阻的测量

测量中遇到的问题:_____

_____

_____

_____

_____

解决的方法：＿＿＿＿＿＿＿＿＿＿＿＿＿＿＿＿＿＿＿＿＿＿＿＿＿

＿＿＿＿＿＿＿＿＿＿＿＿＿＿＿＿＿＿＿＿＿＿＿＿＿＿＿＿＿＿＿

＿＿＿＿＿＿＿＿＿＿＿＿＿＿＿＿＿＿＿＿＿＿＿＿＿＿＿＿＿＿＿

＿＿＿＿＿＿＿＿＿＿＿＿＿＿＿＿＿＿＿＿＿＿＿＿＿＿＿＿＿＿＿

＿＿＿＿＿＿＿＿＿＿＿＿＿＿＿＿＿＿＿＿＿＿＿＿＿＿＿＿＿＿＿

＿＿＿＿＿＿＿＿＿＿＿＿＿＿＿＿＿＿＿＿＿＿＿＿＿＿＿＿＿＿＿

④ 分别测量 3 个电阻、电容和电感，将测量结果填入表格 3-1 中。

表 3-1　测量数据记录表

被测量物理量	记录项	测量次数		
		1	2	3
R	量程开关			
	电桥读数			
	损耗倍率			
	损耗平衡			
C	量程开关			
	电桥读数			
	损耗倍率			
	损耗平衡			
L	量程开关			
	电桥读数			
	损耗倍率			
	损耗平衡			

⑤ 用电桥测量变压器初级、次级绕组的阻值，并写出操作步骤（参见图 3-1、图 3-2）。

图 3-1　初级绕组的阻值为＿＿＿＿＿＿Ω

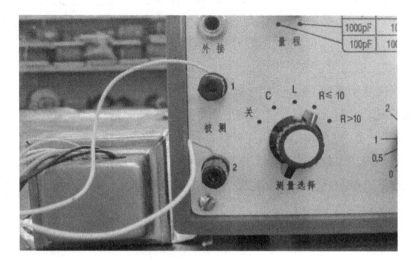

图 3-2　次级绕组的阻值为＿＿＿＿＿＿Ω

操作步骤：＿＿＿＿＿＿＿＿＿＿＿＿＿＿＿＿＿＿＿＿

＿＿＿＿＿＿＿＿＿＿＿＿＿＿＿＿＿＿＿＿＿＿＿＿＿＿

＿＿＿＿＿＿＿＿＿＿＿＿＿＿＿＿＿＿＿＿＿＿＿＿＿＿

＿＿＿＿＿＿＿＿＿＿＿＿＿＿＿＿＿＿＿＿＿＿＿＿＿＿

＿＿＿＿＿＿＿＿＿＿＿＿＿＿＿＿＿＿＿＿＿＿＿＿＿＿

＿＿＿＿＿＿＿＿＿＿＿＿＿＿＿＿＿＿＿＿＿＿＿＿＿＿

⑥ 测量损耗的分析与计算：

＿＿＿＿＿＿＿＿＿＿＿＿＿＿＿＿＿＿＿＿＿＿＿＿＿＿

＿＿＿＿＿＿＿＿＿＿＿＿＿＿＿＿＿＿＿＿＿＿＿＿＿＿

＿＿＿＿＿＿＿＿＿＿＿＿＿＿＿＿＿＿＿＿＿＿＿＿＿＿

＿＿＿＿＿＿＿＿＿＿＿＿＿＿＿＿＿＿＿＿＿＿＿＿＿＿

＿＿＿＿＿＿＿＿＿＿＿＿＿＿＿＿＿＿＿＿＿＿＿＿＿＿

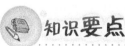 知识要点

电桥面板上各元件和控制旋钮的作用（参见图3-3）

1. 被测端钮：此端钮是用来连接＿＿＿＿＿＿。
2. 拨动开关：凡使用机内 1kHz 振荡器时，应把此开关拨向＿＿＿＿＿＿位置。

3. 量程开关：各挡的标示值是指电桥读数在满偏时的_____。

4. 损耗倍率开关：用来扩展损耗平衡的读数范围用，在一般情况下，测量空心电感线圈时，此开关放在_____位置；测量一般电容器（小损耗）时，放_____位置；测量损耗值较大的电容器时，放在_____位置。

5. 指示电表作平衡指示用：当电桥在平衡过程中，指针接近_____时，电桥平衡。

6. 读数旋钮：调节此两只读数盘使电桥平衡，第一位读数盘的步级是_____，也就是量程旋钮指示值的1/10，第二、第三位读数是由_____指示的。

7. 损耗微调：用来提高损耗平衡旋钮的调节细度，一般情况下放在_____位置。

8. 损耗平衡：被测元件的损耗读数（指电容、电感）由此旋钮指示，此读数盘上的损耗值为_____。

9. 测量选择：用来转换电桥线路，测电容放在_____处，测电感放在_____处，测10Ω以内的电阻放在_____处，测10Ω以上的电阻放在_____处，测试完毕切记必须把此旋钮放在_____处，以减少机内干电池的损耗。

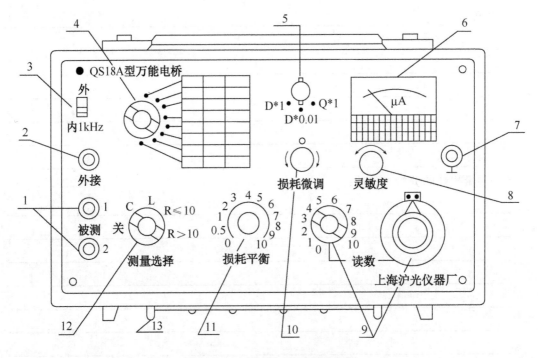

图 3-3　QS18A 型万能电桥外形图

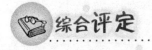

综合评定

1. 自我评价

（1）本任务我学会和理解了：

_____

_____

_____

_____

_____

_____

_____

_____

（2）我最大的收获是：

_____

_____

_____

_____

_____

_____

_____

（3）我的课堂体会是：快乐（　　）、沉闷（　　）

（4）学习工作页是否填写完毕？是（　　）、否（　　）

（5）工作过程中能否与他人互帮互助？能（　　）、否（　　）

2．小组评价

（1）学习页是否填写完毕？

评价情况：是（　　）、否（　　）

（2）学习页是否填写正确？

错误个数：1（　　）2（　　）3（　　）4（　　）5（　　）6（　　）7（　　）8（　　）

（3）工作过程当中有无危险动作和行为？（　　）

评价情况：有（　　）、无（　　）

（4）能否主动与同组内其他成员积极沟通，并协助其他成员共同完成学习任务？

评价情况：能（　　）、不能（　　）

（5）能否主动执行作业现场 6S 要求？

评价情况：能（　　）、不能（　　）

3．教师评价

综合考核评比表如表 3-2 所示。

表 3-2　任务三综合考核评比表

序号	考核内容	评分标准	配分	自我评价 0.1	小组评价 0.3	教师评价 0.6	得分
1	任务完成情况	电桥面板各个旋钮及功能	10分				
		测量电阻的方法和步骤	10分				
		测量电容的方法和步骤	10分				
		测量电感的方法和步骤	10分				
		测量变压器绕组	10分				
2	责任心与主动性	如果丢失或故意损坏实训物品，全组得0分，不得参加下一次实训学习	10分				
		主动完成课堂作业，完成作业的质量高，主动回答问题	10分				
3	团队合作与沟通	团队沟通，团队协作，团队完成作业质量	10分				
4	课堂表现	上课表现（上课睡觉，玩手机，或其他违纪行为等）一次全组扣5分	10分				
5	职业素养（6S标准执行情况）	无安全事故和危险操作，工作台面整洁，仪器设备的使用规范合理	10分				
6	总分						

5．获得等级：90分以上（　　）☆☆☆☆☆　　积5分

　　　　　　 75～90分（　　）☆☆☆☆　　积4分

　　　　　　 60～75分（　　）☆☆☆　　积3分

　　　　　　 60分以下（　　）　　积0分

　　　　　　 50分以下（　　）　　积-1分

注：学生每完成一个任务可获得相应的积分，获得90分以上的学生可评为项目之星。

教师签名：＿＿＿＿＿＿

日期：　　年　　月　　日

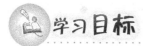

3.2　学习页

学习目标

1. 各种电桥

（1）直流单臂电桥
（2）双臂电桥
（3）万能电桥

2. 电桥面板认识

3. 电桥的使用方法

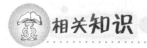

相关知识

1. 各种电桥

（1）直流单臂电桥

直流单臂电桥面板图及按钮说明如图 3-4 所示。直流单臂电桥用来测量高电阻，可测量的电阻值范围为 $1\sim10^8\Omega$。

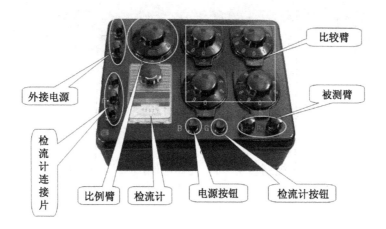

图 3-4　直流单臂电桥面板图

（2）双臂电桥

双臂电桥面板图如图 3-5 所示。双臂电桥又称为凯文电桥，是一种专门用来测量小电阻的电桥。可测量电阻值范围为 $10^{-4}\sim1\Omega$。

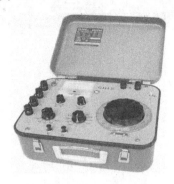

图 3-5　QJ44 双臂电桥

（3）万能电桥

万能电桥是一种比较式仪器，在电测技术中占有重要地位。它主要用于测量交流等效电阻及其时间常数、电容及其介质损耗、自感及其线圈品质因数和互感等电参数的精密测量，也可用于非电参数变换为相应电参数的精密测量。万能电桥的种类型号较多，图 3-6 所示为 QS18A 型万能电桥面板图，下面以 QS18A 型万能电桥为例详细说明其用法。

图 3-6　QS18A 型万能电桥面板图

2. 电桥面板上各元件和控制旋钮的作用（参见图3-7）

（1）"被测"端钮

用来直接连接待测元件。被测端钮"1"为高电位，"2"为低电位，一般情况不必考虑。

（2）"外接"插孔

此插孔有两种用途：

① 在测量有极性的电容和铁芯电感时，如需要外部叠加直流装置时，可通过此插孔连接于桥体；

② 当使用外部音频振荡器信号时，可通过"外接"导线连到此插孔，施加到桥体（此

时应把拨动开关"3"拨向"外"的位置）。

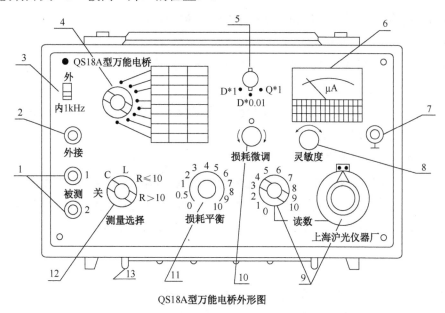

QS18A型万能电桥外形图

图 3-7　QS18A 型万能电桥外形示意图

（3）"拨动"开关

此开关有两个作用：

① 凡使用机内 1kHz 振荡器时，应把此开关拨向"内 1kHz"的位置。

② 当"外接"插孔施加外音频讯号时，应把此开关拨向"外"的位置（此时内含的 1kHz 振荡器即停止工作）。

（4）"量程"开关

此开关是选择测量范围用的，上面各档的指示值是指电桥读数在满刻度时的最大值。其中电容量程 1000μF～100pF 共 8 档；电感量程 10μH～100H 共 8 档；电阻量程 Ω～10MΩ 共 8 档。

（5）"损耗倍率"开关

用来扩展损耗平衡的读数范围，在一般情况下测量空芯电感线圈时，开关放在"Q×1"位置，测量小损耗电容器时，放在"D×0.01"位置；测量损耗值较大的电容器时，放在"D×1"位置。

（6）指示电表

作为平衡指示用。当电桥在平衡过程中，操作有关的旋钮，并观察此指示电表指针的动向，应使指示电表指针向"0"的方向偏转，当指针最接近于零点时，即达到电桥平衡位置。

（7）"⊥"端钮

"⊥"为接机壳端钮，它与本电桥的机壳相连。

（8）"灵敏度"调节旋钮

用来控制电桥放大器的放大倍数。在初始调节电桥平衡时，要降低灵敏度，使电表指示小于满刻度，然后逐步增大灵敏度，进行细调，使电桥平衡。

（9）"读数"旋钮

电桥未平衡时，应调节此两只读数盘，第一只读数盘的分度值是 0.1，也就是量程旋钮指示值的 1/10，第二只读数盘的值由连续可变电位器指示。

（10）"损耗微调"旋钮

用来提高损耗平衡的调节精细度，一般情况下，旋钮放在"0"位置。

（11）"损耗平衡"旋钮

待测元件（电容或电感）的损耗读数由此旋钮指示，将指示值乘以损耗倍率开关的指示值，便得到正确的损耗值。

（12）"测量选择"开关

QS18A 型电桥对电容、电感、电阻元件均能测量。若测量电容，应将旋钮指示线指在"C"位置。测量电感放在"L"处。测量电阻分"R>10"Ω和"R≤10"Ω两种供选择。测试完毕，切记必须把此旋钮放在"关"处，以减少机内干电池的损耗。

3．电桥的使用方法

电桥可以测量电阻、电感和电容，还可测量电容器和电感的损耗值，当平衡电桥的平衡条件与频率有关时，可用于测量频率，也可测量液体的电导等。

（1）测量电阻（参见表 3-3）

表 3-3　电桥测量电阻的操作步骤

步骤	图示	操作方法
步骤一	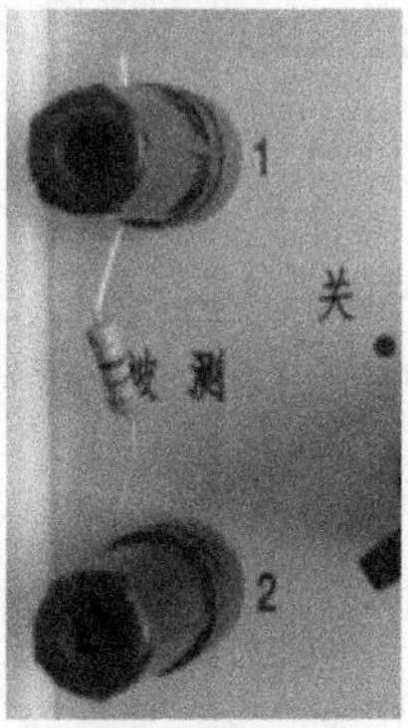 图3-8　电阻接入被测端口	将电阻接入被测端口，如图3-8所示
步骤二	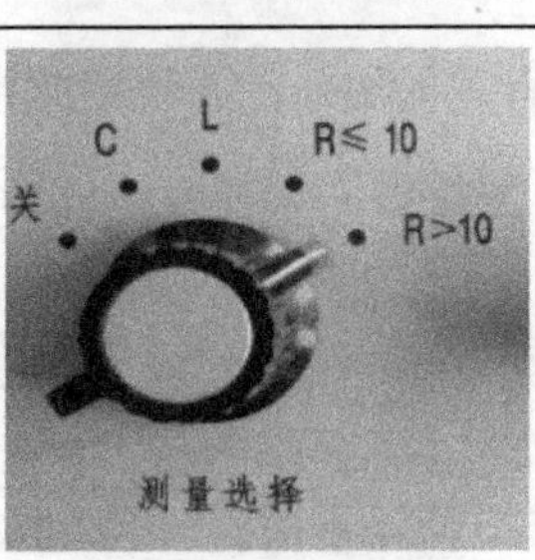 图3-9　测量选择	旋动"测量选择"开关，如果电阻小于10Ω，"测量选择"开关放在"R≤10"的位置；如果电阻大于10Ω，"测量选择"开关放在"R>10"的位置，如图3-9所示

步骤	图示	操作方法
步骤三	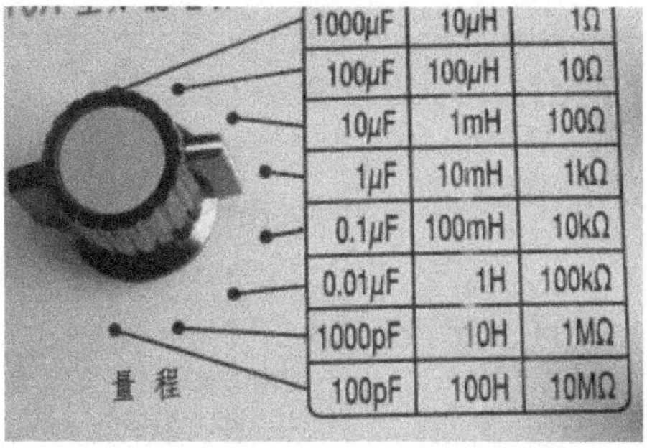 图3-10　量程选择	估算电阻R的大小，用"量程"开关选择适当的量程，如图3-10所示
步骤四	 图3-11　电表指针	调节电桥"读数"旋钮的第一位步进开关和第二位滑线盘，使电表指针往零方向偏转，旋转"灵敏度"到足够大。然后再调节滑线盘，使电表指针往零方向偏转（即电表的读数最小），如图3-11所示
步骤五	 图3-12　灵敏度调节	"灵敏度"开关顺时针旋转，可选择灵敏度增大，如图3-12所示
步骤六	 第一位步进开关　　第二位滑线盘 图3-13　"读数"盘调节	电桥达到最后平衡时，电桥"读数"盘所指示的读数即为被测电阻值，如图3-13所示，即被测量电阻R_X = 量程开关指示值×电桥"读数"值。 例："量程"开关放在"1kΩ"位置，电桥的"读数"第一位是 0.6，第二位是 0.051，则R_X=1000×（0.6+0.051）= 651Ω，即被测量R_X = 量程开头指示值×电桥"读数"值

（2）测量电容（请参见表3-4）

表3-4　电桥测量电容的操作步骤

步骤	图示	操作方法
步骤一	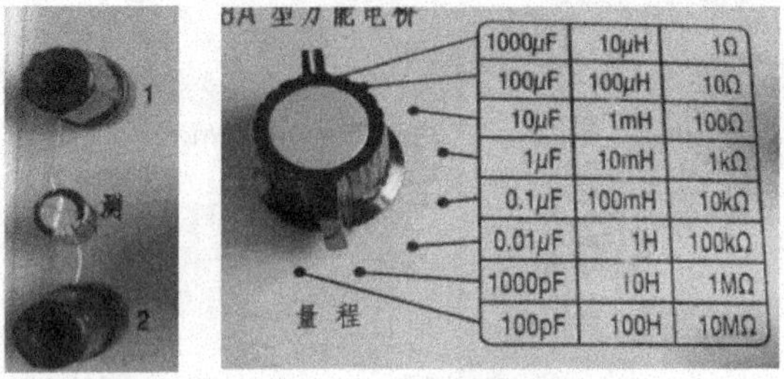 接上电容　　　　选择量程 图3-14　接上电容和选择量程	如图3-14所示，将电容接到被测端口上； 估计被测电容的大小，然后旋动"量程"开关，放在合适的量程上。 例：被测电容为 200μF左右，则量程开关应放在"1000μF"位置上
步骤二	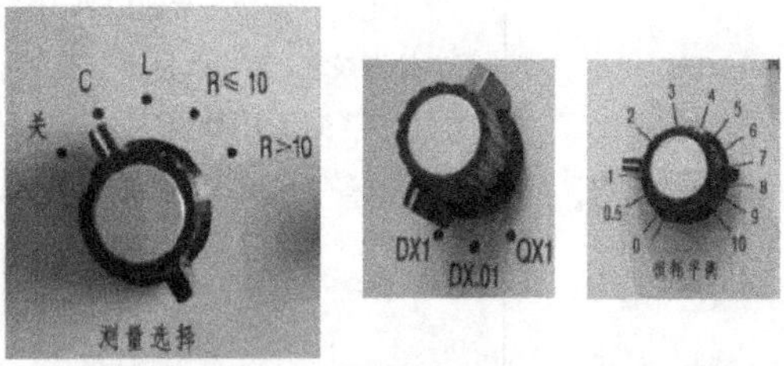 "测量选择"开关　"损耗倍率"开关　"损耗平衡"旋到"1" 图3-15　测量选择、损耗倍率及损耗平衡	如图3-15所示，旋动"测量选择"开关，放在"C"的位置； "损耗倍率"开关放在"D×0.01"（一般电容器）或"D×1"（大电解电容器）的位置上； "损耗平衡"盘放在"1"左右的位置
步骤三	 "损耗微调"　"灵敏度"逆时针旋到底　"拨动开关"置"内" 图3-16　损耗微调、灵敏度及拨动开关	如图3-16所示，"损耗微调"逆时针旋到底； 将"灵敏度"调节开关逆时针旋到底； "拨动开关"置"内"，则使用内部供给的1000Hz交流信号
步骤四	 图3-17　调节"损耗平衡"盘	如图3-17所示，将"损耗平衡"大约放在"1"左右位置

续表

步骤	图示	操作方法
步骤五	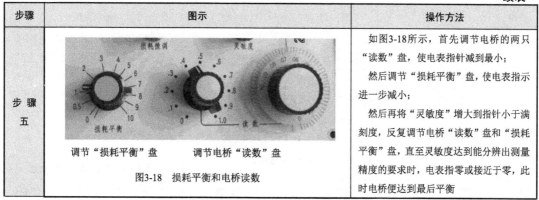调节"损耗平衡"盘　　调节电桥"读数"盘 图3-18　损耗平衡和电桥读数	如图3-18所示，首先调节电桥的两只"读数"盘，使电表指针减到最小； 然后调节"损耗平衡"盘，使电表指示进一步减小； 然后再将"灵敏度"增大到指针小于满刻度，反复调节电桥"读数"盘和"损耗平衡"盘，直至灵敏度达到能分辨出测量精度的要求时，电表指零或接近于零，此时电桥便达到最后平衡

若电桥的"读数"第一位指在 0.4，第二位刻度盘值为 0.073

则被测电容值为：$C_X = 1000 \times 0.473 = 473 \mu F$

即：被测量值 C_X = 量程开关指示值×电桥的"读数"

"损耗平衡"盘指在 1.2，而"损耗倍率"放在"D×1"位置，则此电容的损耗为：$1 \times 1.2 = 1.2$

即：被测量值 D_X = "损耗倍率"指示值×"损耗平衡"盘的示值

注：如果"损耗倍率"放在"Q×1"位置，按 D=1/10 计算。

（3）测量电感（参见表 3-5）

表 3-5　电桥测量电感的操作步骤

步骤	图示	操作方法
步骤一	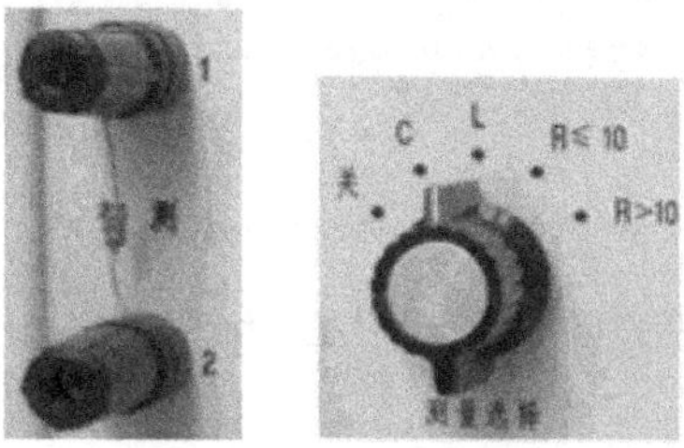 接上被测电感　　测量电感时，选择L 图3-19　接上被测电感	如图3-19所示，将电感接到被测端钮； "拨动开关"置"内"，选择适当的量程； "测量选择"开关置于"L"位置上
步骤二	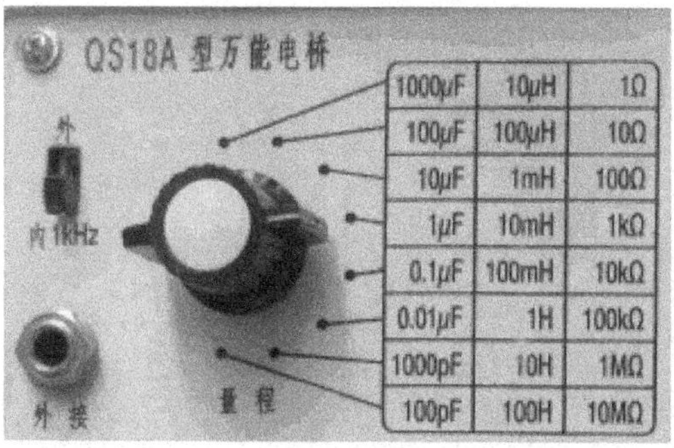 QS18A 型万能电桥 外 内 1kHz 外接 量程 图3-20　量程选择	估计被测电感的大小，然后旋动"量程"开关放在合适的量程上，如图3-20所示

续表

步骤	图示	操作方法
步骤三	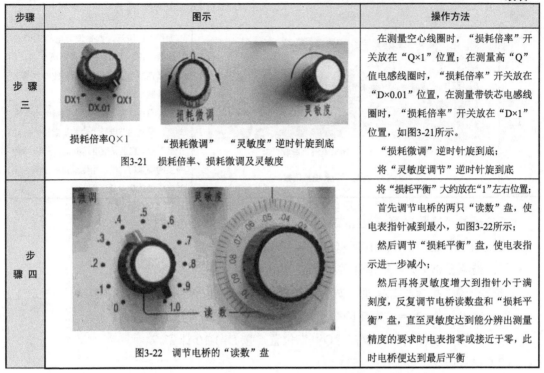 损耗倍率Q×1　　　"损耗微调"　"灵敏度"逆时针旋到底 图3-21　损耗倍率、损耗微调及灵敏度	在测量空心线圈时，"损耗倍率"开关放在"Q×1"位置；在测量高"Q"值电感线圈时，"损耗倍率"开关放在"D×0.01"位置，在测量带铁芯电感线圈时，"损耗倍率"开关放在"D×1"位置，如图3-21所示。 "损耗微调"逆时针旋到底； 将"灵敏度调节"逆时针旋到底
步骤四	 图3-22　调节电桥的"读数"盘	将"损耗平衡"大约放在"1"左右位置； 首先调节电桥的两只"读数"盘，使电表指针减到最小，如图3-22所示； 然后调节"损耗平衡"盘，使电表指示进一步减小； 然后再将灵敏度增大到指针小于满刻度，反复调节电桥读数盘和"损耗平衡"盘，直至灵敏度达到能分辨出测量精度的要求时电表指零或接近于零，此时电桥便达到最后平衡

若电桥的"读数"开关第一位指在 0.4，第二位滑线盘指示为 0.047，

则被测电感量为：10mH×（0.4+0.047）=4.47 mH。

即：被测量值 L_X = "量程"开关指示值×电桥的"读数"值

"损耗倍率"开关放在"Q×1"位置，"损耗平衡"旋钮指示为 2.5，则电感的 Q 值为：

1×2.5 = 2.5

即：被测量值 Q_X = "损耗倍率"指示×"损耗平衡"旋钮的指示值

注：如果"损耗倍率"指示在"D"位置时，按 $Q=1/D$ 计算。

（4）电容、电感值为未知时的测量

① 被测电容容量完全未知。

a. 把"量程"开关先放在"100pF"位置，如图 3-23 所示。

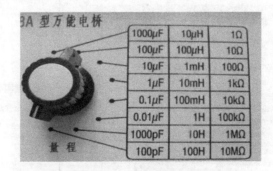

图 3-23　量程开关

b. 旋动"测量选择"开关放在"C"的位置。"损耗倍率"开关放在"D×0.01"（一般电容器）或"D×1"（大电解电容器）的位置上。"损耗平衡"盘放在"1"左右的位置。"损耗微调"按逆时针旋到底。

c. 把"读数"旋钮的第一只指在"0"的位置，把第二只旋到"0.05"左右的位置。

d. 转动"灵敏度"旋钮，使电表指针指在"30μA"左右的位置，如图 3-24 所示。

图 3-24　调节读数盘

e. 旋动"量程"开关由"100pF"、"1000pF"直到"1000μF"逐挡变换其量程，同时观察指示指针的动向，看变到那一挡量程电表的指示值最小，此时就把"量程"开关停留不动，再旋动第二只"读数旋钮"使电表指示值更小。

f. 再将灵敏度增大，使指针小于满刻度，分别调节"损耗平衡"盘和第二只"读数"旋钮，使指针指示值达最小，被测量值就能粗略地在第二只"读数"旋钮读出。

g. 根据粗测值，按电容测量的方法适当选择好"量程"位置和"读数"盘位置，进行精细的测量。

② 被测电感的电感量完全未知

a. 把"量程"开关先放在"10μH"位置。

b. 旋动"测量选择"开关放在"L"位置上。"损耗倍率"开关放置的位置一般为：测量空心线圈时放在"Q×1"，测量高 Q 电感线圈时放在"D×0.01"，测量带铁芯电感线圈时放在"D×1"。"损耗平衡"旋钮大约在"1"左右的位置。"损耗微调"按逆时针旋到底。

c. 把"读数"旋钮的第一只指在"0"的位置，把第二只旋到"0.05"左右的位置。

d. 转动"灵敏度"旋钮，使电表指针指在"30μA"左右的位置。旋动"量程"开关由"10μH"、"100μH"直到"100H"逐挡变换其量程，如图 3-25 所示，同时观察电表指针的动向，看变到那一挡量程时电表的指示值最小，此时就把量程开关停留不动，再旋动二只

"读数"旋钮使电表指示值更小。

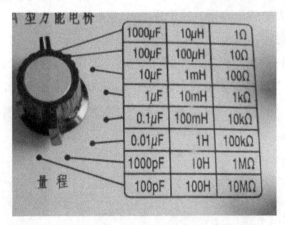

图 3-25 选择"量程"

图 3-26 调节"读数"盘

e. 再将灵敏度增大使指针小于满刻度，分别调节"损耗平衡"盘和第二只"读数"旋钮使指针指示值达最小，被测量值就能粗略地在第二只"读数"旋钮读出，如图 3-26 所示。

f. 根据粗测值，按电感测量的方法适当选择好"量程"位置和"读数"盘位置，进行精细的测量。

4. 注意事项

（1）搬动电桥时应小心，做到轻拿轻放，否则易使检流计损坏；

（2）发现电池电压不足时，应及时更换，否则将影响电桥的灵敏度；

（3）当采用外接电源时，必须注意电源极性；

（4）不要使外接电源电压超过电桥说明书上的规定值；

（5）每次测量结束后，必须将电桥盒盖盖好，存放于干燥、避光、无震动的场所。

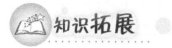 知识拓展

1. 直流单臂电桥的工作原理（图3-27）

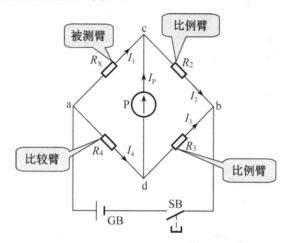

图 3-27　直流单臂电桥工作电路原理图

电桥平衡时：R_X ＝比例臂倍率×比较臂读数

2. 测量步骤

（1）电桥调试（参见图 3-28）

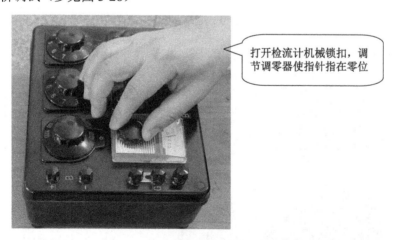

打开检流计机械锁扣，调节调零器使指针指在零位

图 3-28　电桥调试

注意：① 发现电桥电池电压不足应及时更换，否则将影响电桥的灵敏度。

② 当采用外接电源时，必须注意电源的极性。将电源的正、负极分别接到"+"、"一"端钮，且外接电源电压不要超过电桥说明书上的规定值。

（2）估测被测电阻，选择比例臂（参见图3-29）

选择适当的比例臂，使比例臂的四挡电阻都能被充分利用，以获得四位有效数字的读数。

估测电阻值为几千欧时，比例臂应选"×1"挡；估测电阻值为几十欧时，比例臂选"×0.01"挡；估测电阻值为几欧时，比例臂选"×0.001"挡

图3-29 估测被测电阻，选择比例臂

（3）接入被测电阻（参见图3-30）

接入被测电阻时，应采用较粗较短的导线连接，并将接头拧紧

图3-30 接入被测电阻

（4）接通电路，调节电桥比例臂使之平衡（参见图3-31）

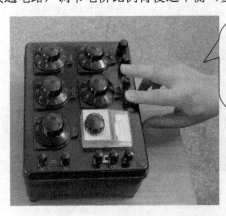

测量时应先按下"电源"按钮，再按下"检流计"按钮，使电桥电路接通。若检流计指针向"+"方向偏转，应增大比较臂电阻，反之，则应减小比较臂电阻。如此反复调节，直至检流计指针指零

图3-31 调节电桥比例臂平衡

（5）计算电阻值

计算公式：

$$被测电阻值＝比例臂读数×比较臂读数$$

（6）关闭电桥

先断开"检流计"按钮，再断开"电源"按钮。然后拆除被测电阻，最后锁上检流计机械锁扣。

对于没有机械锁扣的检流计，应将按钮"G"按下，并锁住。

任务四

兆欧表的使用

 学习任务描述

1. 提出任务

某台电冰箱经常发生漏电的情况，对机器和人身造成了严重的危害。请你思考，怎样可以检查设备的安全性能？

2. 引导任务

对电气设备安全性能进行检查，主要是测量设备的绝缘电阻，如测量电冰箱电源线对外壳（地线）之间的绝缘电阻。正常绝缘电阻具有很高的电阻值，使用普通的万用表不容易测出来，要用兆欧表才能测得出来。

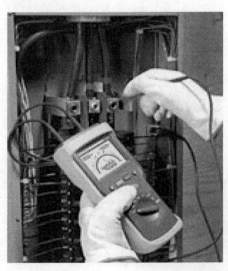

实施步骤

（1）教学组织

教学组织流程如下图所示。

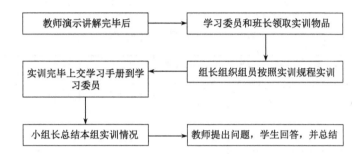

教师讲解完毕，让小组组长分列站好，听到老师指令后按照老师演示的动作规范操作。

分组实训：每 3 人一组，每组小组长一名。

（2）必要器材/必要工具

① 发电机式的兆欧表 1 块。

② 电动机 1 台。

③ 变压器 1 台。

④ 交流电源（或通用工作台）1 个。

⑤ 导线若干。

（3）任务要求

① 查阅相关资料和学习页，设计出测量电冰箱电源线与外壳（地线）之间的绝缘电阻的步骤。

_____

_____

_____

_____

_____

_____

_____

② 用兆欧表测量绝缘电阻。

测量中碰到的问题：_____

_____

_____

解决的方法: _____

_____

_____

_____

_____

③ 使用兆欧表测量电动机绝缘电阻，把数据填入表 4-1 中，并判断电动机质量的好坏。

表 4-1　电阻测量结果记录表

被测对象	电机U和V两相之间的绝缘电阻	电机U和W两相之间的绝缘电阻	电机W和V两相之间的绝缘电阻	电机U和地之间的绝缘电阻	电机V和地之间的绝缘电阻	电机W和地之间的绝缘电阻
兆欧表的额定电压						
测量值						
比较与分析						
判断电动机质量的好坏						

④ 使用兆欧表测量变压器绝缘电阻，把数据填入表 4-2 中，并判断变压器质量的好坏。

表 4-2　电阻测量结果记录表

被 测 对 象	变压器电源线和地之间的绝缘电阻
兆欧表的额定电压	
测量值	
比较与分析	
判断变压器质量的好坏	

⑤ 在高压高阻的测试环境中，为什么要求仪表接"G"端连线？

_____

_____

_____

⑥ 能不能用兆欧表直接测带电的被测试品，结果会有什么影响？为什么？

_____

_____

_____

_____

⑦ 为什么电子式兆欧表只用几节电池供电，就能产生较高的直流高压？

_____

_____

_____

_____

知识要点

1. 填空题

（1）测量绝缘电阻的仪器是_____。

（2）手摇式兆欧表在测量时是通过发电机产生_____，以便借助高压产生的_____，实现阻抗的检测。

（3）兆欧表按照结构形式不同可分为_____和_____。

（4）测量前，应对设备和线路先行_____，以免设备或线路的电容放电，危及人身安全和损坏兆欧表。

2. 判断题

（1）兆欧表在使用时，只要保证每分钟 120 转，就能保证测量结果的准确性。（   ）

（2）兆欧表在摇测电动机绝缘电阻时，可任意将 L 或 E 接至电动机的外壳。（   ）

（3）用 500V 兆欧表测试继电器线圈与线圈之间的绝缘电阻，结果应不小于 $20M\Omega$。
（   ）

（4）测量绝缘电阻时，额定电压 500V 以上者选用 500V 或 1000V 兆欧表。（   ）

（5）雷电时，严禁用兆欧表测量线路绝缘电阻。（   ）

3. 选择题

（1）兆欧表上一般有三个接线柱，分别标有 L（线路）、E（接地）和 G（屏蔽）。其中 L 接在（   ）；E 接在（   ）；G 接在（   ）。

    A. 被测物和大地绝缘的导线部分；

    B. 被测物的屏蔽环上或不需测量的部分；

    C. 被测物的外壳或大地。

（2）在使用兆欧表测试前，必须（   ）。

    A. 切断被测设备电源   B. 对设备进行带电测试

    C. 无论设备是否带电均可测试   D. 配合仪表带电测量

（3）测量 1kV 以下电缆的绝缘电阻，应使用（   ）兆欧表。

    A. 500V   B. 1000V   C. 2500V   D. 500 或 1000V。

4．简答题

（1）兆欧表的用途是什么？

（2）用兆欧表测量绝缘体时，为什么要摇测时间为1分钟？

（3）如何测试电缆对地绝缘？

（4）使用兆欧表测量绝缘体时，应注意哪些事项？

（5）用兆欧表测量电缆绝缘电阻时，应如何接线？

 综合评定

1．自我评价

（1）本任务我学会和理解了：

_____

_____

_____

_____

（2）我最大的收获是：

_____

_____

_____

（3）我的课堂体会是：快乐（　　）、沉闷（　　）

（4）学习工作页是否填写完毕？是（　　）、否（　　）

（5）工作过程中能否与他人互帮互助？能（　　）、否（　　）

2．小组评价

（1）学习页是否填写完毕？

评价情况：是（　　）、否（　　）

（2）学习页是否填写正确？

错误个数：1（　　）2（　　）3（　　）4（　　）5（　　）6（　　）7（　　）8（　　）

（3）工作过程当中有无危险动作和行为？（　　）

评价情况：有（　　）、无（　　）

（4）能否主动与同组内其他成员积极沟通，并协助其他成员共同完成学习任务？

评价情况：能（　　）、不能（　　）

（5）能否主动执行作业现场6S要求？

评价情况：能（　　）、不能（　　）

3. 教师评价

综合考核评价表如表 4-3 所示。

表 4-3 任务四综合考核评价表

序号	考核内容	评分标准	配分	自我评价 0.1	小组评价 0.3	教师评价 0.6	得分
1	任务完成情况	知识要点中练习题质量评分	10分				
		兆欧表的使用操作是否规范,电路连接是否正确	15分				
		有关兆欧表的测量各项任务是否完成	15分				
2	责任心与主动性	如果丢失或故意损坏实训物品,全组得0分,不得参加下一次实训学习。	15分				
		主动完成课堂作业,完成作业的质量高,主动回答问题	10分				
3	团队合作与沟通	团队沟通,团队协作,团队完成作业质量	10分				
4	课堂表现	上课表现(上课睡觉,玩手机,或其他违纪行为等)一次全组扣5分。	15分				
5	职业素养(6S标准执行情况)	无安全事故和危险操作,工作台面整洁,仪器设备的使用规范合理	10分				
6	总分						

获得等级:90分以上(　) ☆☆☆☆☆　　积5分

75～90分(　) ☆☆☆☆　　积4分

60～75分(　) ☆☆☆　　积3分

60分以下(　)　　积0分

50分以下(　)　　积-1分

注:学生每完成一个任务可获得相应的积分,获得90分以上的学生可评为项目之星。

教师签名:＿＿＿＿＿＿

日期:　　年　月　日

4.2　学习页

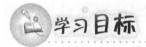 学习目标

1．兆欧表的种类

（1）指针式兆欧表
（2）数字式兆欧表

2．兆欧表面板认识

3．兆欧表的使用

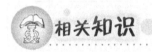 相关知识

兆欧表是电工常用的一种测量高电阻仪表。兆欧表主要用来检查电气设备、家用电器或电气线路对地及相间的绝缘电阻，以保证这些设备、电器和线路工作在正常状态，避免发生触电伤亡及设备损坏等事故。它的表盘刻度是以兆欧（MΩ）为计量单位的，故称为兆欧表。兆欧表还有绝缘电阻表、摇表、高阻计、迈格表（译音）和绝缘电阻测定仪等叫法。

1．兆欧表的种类

兆欧表按照结构形式不同可分为指针式兆欧表和数字式兆欧表。

（1）指针式兆欧表

指针式兆欧表主要用于测量大型变压器、互感器、发电机、高压电动机、电力电容、电力电缆、避雷器等设备的绝缘电阻。

图 4-1 所示为常见手摇式兆欧表的外观，它采用手摇发电机供电，故又称摇表。手摇式兆欧表在测量时是通过发电机产生高压，以便借助高压产生的漏电流，实现阻抗的检测。

图 4-2 所示为常见电子式兆欧表的外观，它主要采用电池供电，故又称电池式兆欧表或智能兆欧表。

（2）数字式兆欧表

数字式兆欧表主要通过液晶显示屏，将所测量的结果直接以数字形式直接显示出来，如图 4-3 所示为常见数字式兆欧表的外观。

图 4-1　常见手摇式兆欧表的外观

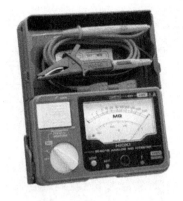

图 4-2　常见电子式兆欧表的外观

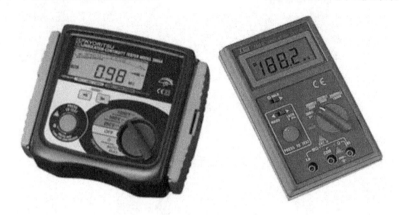

图 4-3　常见数字式兆欧表的外观

2．兆欧表的面板介绍

兆欧表种类很多，不同的兆欧表面板也不同，在这里主要介绍手摇式兆欧表，如图 4-4
所示为手摇式兆欧表的面板。

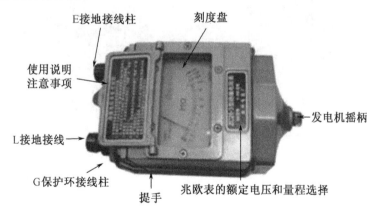

图 4-4　手摇式兆欧表的面板

（1）刻度盘

兆欧表的刻度盘是由几条弧线及固定量程标识所组成，如图 4-5 所示。发电机式兆欧表的表盘刻度线上有两个小黑点，小黑点之间的区域为准确测量区域。所以在选表时应使被测设备的绝缘电阻值在准确测量区域内。

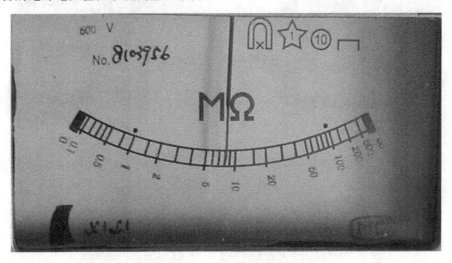

图 4-5　兆欧表的刻度盘

（2）发电机摇柄

发电机摇柄通过手动摇柄内的自动发电机发电，为兆欧表提供工作电压。

（3）接线端子

兆欧表主要有 L 线路端子、E 接地端子和 G 保护环接线端子，如图 4-6 所示。

图 4-6　接线端子

（4）测试线

兆欧表有两条测试线，分别用红色和黑色标识，用于与待测设备的连接，如图 4-7 所示。

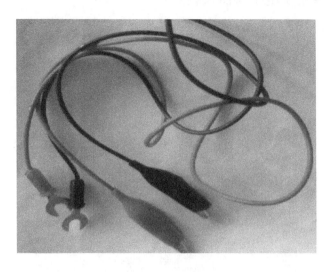

图 4-7 测试线

3. 兆欧表的使用方法

（1）使用前的准备工作

① 根据被测对象的不同，所选用的兆欧表的额定电压和量程也不同。

主要是根据不同的电气设备选择兆欧表的电压及其测量范围。对于额定电压在 500V 以下的电气设备，应选用电压等级为 500V 或 1000V 的兆欧表；额定电压在 500V 以上的电气设备，应选用 1000～2500V 的兆欧表。具体选用情况见表 4-4。

表 4-4 兆欧表的额定电压和量程选择

被测对象	设备的额定电压（V）	兆欧表的额定电压（V）	兆欧表的量程（MΩ）
普通线圈的绝缘电阻	≥500	500	0～200
变压器和电动机线圈的绝缘电阻	≥500	1000～2500	0～200
发电机线圈的绝缘电阻	≥500	1000	0～200
低压电气设备的绝缘电阻	≥500	500～1000	0～200
高压电气设备绝缘电阻	≥500	2500	0～2000
瓷瓶、高压电缆、刀闸	—	2500～5000	0～2000

② 如根据被测设备，选择了如图 4-8 所示兆欧表的额定电压和量程。

图 4-8 已选的兆欧表额定电压和量程

③ 拧松兆欧表的L线路端子和E接地端子，如图4-9所示。

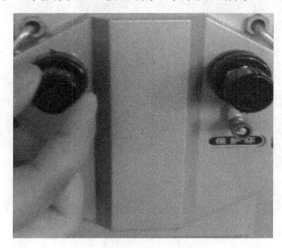

图4-9　拧松兆欧表的接线端子

④ 先检查两条测试线是否完好、有无破损，再将兆欧表的测试线的连接端子分别连接到兆欧表的两个端子上，即黑色测试线连接E接地端子，红色测试线连接L线路端子，如图4-10所示，并拧紧兆欧表的检测端子。最后检查两条测试线有没有连接到L端和E端，接触是否良好。

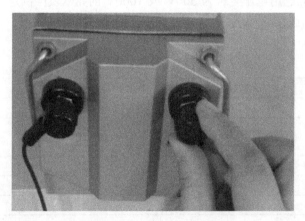

图4-10　连接兆欧表的测试线

⑤ 检查兆欧表是否能正常工作

将兆欧表水平放置，空摇兆欧表手柄，指针应该指到"∞"处，如图4-11（a）所示。再慢慢摇动手柄，使L和E两接线端输出线瞬时短接，指针应迅速指零，如图4-11（b）所示。

注意在摇动手柄时，不得让L和E短接时间过长，否则将损坏兆欧表。

（2）兆欧表的使用

在这里以检测电动机的绝缘电阻为例，介绍兆欧表的使用方法。

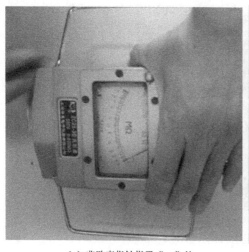

（a）兆欧表指针指于"∞"处　　　　　　　（b）兆欧表指针迅速指零

图 4-11　检查兆欧表能否正常工作

① 做好以上准备工作后，检查被测电气设备和电路，看是否已全部切断电源。绝对不允许设备和线路带电时用兆欧表去测量，如图 4-12 所示。

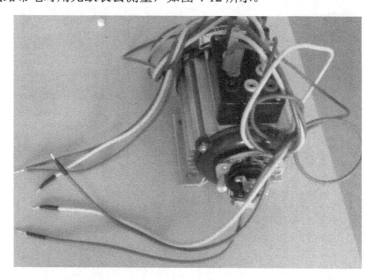

图 4-12　检查电动机是否已切断电源

② 测量前，应对设备和线路先进行放电，以免设备或线路的电容放电，危及人身安全和损坏兆欧表，这样还可以减少测量误差，同时注意将被测试点擦拭干净，如图 4-13 所示。

③ 测量电动机内两绕组之间的绝缘电阻时，将"L"和"E"分别接两绕组的接线端，如图 4-14 所示。

④ 测量电动机绕组与地之间的绝缘电阻时，将兆欧表的红色测试线连接电动机的一根电源线，黑色测试线连接电动机的外壳（接地线），如图 4-15 所示。

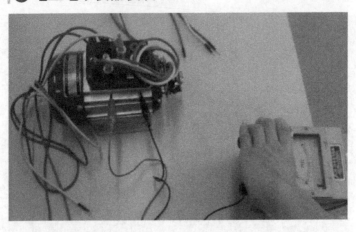

图 4-13　电动机进行放电

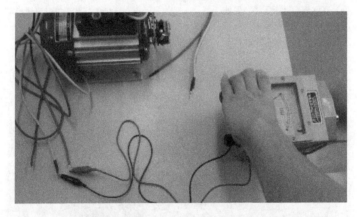

图 4-14　测量电动机内两绕组间的绝缘电阻接线

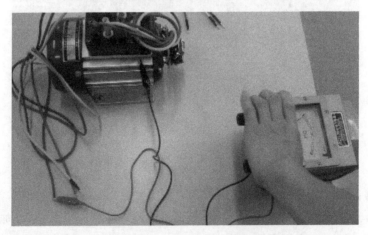

图 4-15　测量电动机绕组与地间的绝缘电阻接线

　　注：保护环的作用是消除表壳表面"L"与"E"接线端子间的漏电和被测绝缘物表面漏电的影响。在测量电气设备对地绝缘电阻时，"L"用单根导线接设备的待测部位，"E"用单根导线接设备外壳；如测电气设备内两绕组之间的绝缘电阻时，将"L"和"E"分别接两绕组的接线端；当测量电缆的绝缘电阻时，为消除因表面漏电产生的误差，"L"接线

芯，"E" 接外壳，"G" 接线芯与外壳之间的绝缘层。"L"、"E"、"G" 与被测物的连接线必须用单根线，绝缘良好，不得绞合，表面不得与被测物体接触。

⑤ 用力按住兆欧表，由慢渐快地摇动手柄摇杆，如图 4-14 所示，一般规定为 120 转/分钟，允许有±20%的变化，最多不应超过±25%。通常是摇动一分钟后，待指针稳定下来再读数。此时，即可检测出电动机的绝缘电阻值为 500MΩ 左右。若测得电动机的阻抗远小于 500MΩ，则表明该电动机已经损坏，需要及时进行检测或更换。

⑥ 测量完毕，应对设备充分放电，否则容易引起触电事故，如图 4-13 所示。

4．兆欧表的使用注意事项

（1）兆欧表在不使用时应放置于固定的放置地点，环境气温不宜太冷或太热，禁止将兆欧表放置于潮湿、脏污的地面上，并避免将其置于有害气体的空气中。

（2）应尽量避免兆欧表长期、剧烈地振动，以免表头指针等受损，影响测量的准确度。

（3）禁止在雷电时或附近有高压导体的设备上测量绝缘电阻。只有在设备不带电又不可能受其他电源感应而带电的情况下，才可以进行测量。

（4）在使用兆欧表进行测量时，必须将其放置于平稳牢固的地方，并用力按住兆欧表，以免在摇动时因抖动和倾斜产生测量误差。

（5）如被测电路中有电容时，需先持续摇动一段时间，让兆欧表对电容充电，指针稳定后再读数。测完后先拆去接线，再停止摇动。若测量中发现指针指零，应立即停止摇动手柄。

（6）兆欧表未停止转动以前，切勿用手去触碰设备的测量部分或兆欧表接线桩。拆线时也不可直接去触碰引线的裸露部分。

（7）兆欧表应定期校验。校验方法是直接测量有确定值的标准电阻，检查其测量误差是否在允许范围以内。

（8）一般摇表的引线应用多股软线，且两根引线切忌绞在一起，以免造成测量数据不准确。

知识拓展

手摇式兆欧表的结构与工作原理

手摇式兆欧表主要由直流发电机、磁电式比率表及测量线路组成，如图 4-16 所示为发电机式兆欧表的结构示意图。

由图 4-16 可知，与兆欧表表针相连的有两个线圈 A、B，它们固定在同一轴上并且相互垂直。线圈 B 同表内的附加电阻 R_u 串联；线圈 A 和被测电阻 R 串联，然后一起接到手摇发电机上。当用手摇动发电机时，两个线圈中同时有电流通过，在两个线圈上产生方向相反的转矩，推动磁电式比率表的指针偏转，直到两个线圈产生的力矩平衡，磁电式比率表的指针不再偏转，指针所指数值转变为被测物体的阻抗值。

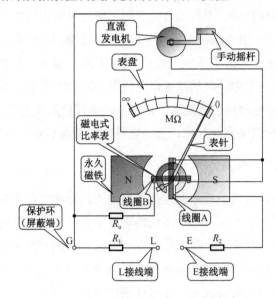

图 4-16　发电机式兆欧表的结构示意图

任务五

钳形电流表的使用

5.1 工作页

学习任务描述

1. 提出任务

用普通电流表测量电流时，需要将被测电路断开后，串联接入电流表才能完成电流的测量工作，这在大电流场合非常不方便，请你思考，怎么样实现不断开电路来测量电流？

2. 引导任务

要想不断开电路来测量电流，可以用钳形电流表直接用钳口夹住被测导线进行测量，使电流测量过程变得简便、快捷，从而得到广泛应用。

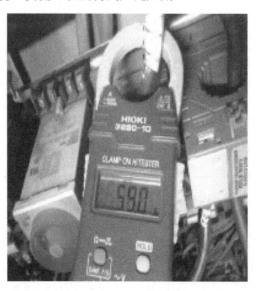

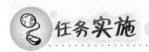

实施步骤：

（1）教学组织

教学组织流程如下图所示。

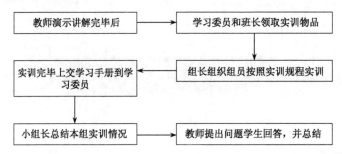

教师讲解完毕，让小组组长分列站好，听到老师指令后按照老师演示的动作规范操作。

分组实训：每3人一组，每组小组长一名。

（2）必要器材/必要工具

① 钳形电流表1块。

② 电动机1台。

③ 交流和直流电源（或通用工作台）1套。

④ 导线若干个。

（3）任务要求

① 查找相关资料和学习页，设计出不断开电路测量电流的操作步骤。

_____

_____

_____

_____

② 钳形电流表的面板认识。

③ 钳形电流表的使用方法及使用注意事项。

测量中碰到的问题：_____

_____

_____

_____

_____

解决的方法：_____

---

④ 测量不同电源电流，并把测量结果填入表 5-1 中。

表 5-1　电流测量结果记录表

被 测 电 流	电流1	电流2	电流3	电流4	电流5
钳形电流表额定电压					
档位					
测量值					
比较与分析					

⑤ 口述用钳形电流表测量电动机工作时的电流、电压的要点，并请把测量结果填入表 5-2 中。

表 5-2　电动机工作时电流、电压测量结果记录表

钳形电流表型号：		电动机型号：		
测量对象	U	V		W
正常运行时电流				
缺相运行时电流				
测量对象	U-V	U-W		V-W
正常运行时的电压				

⑥ 怎么样用钳形电流表来判断电机的故障？

---

⑦ 钳形电流表的最大优点是什么？

知识要点

1. 判断题

(1) 钳形表可以测量电流，也有电压测量插孔，但两者不能同时测量。 （   ）

(2) 钳形电流表可做成既能测量交流电流，又能测量直流电流。 （   ）

(3) 用钳形电流表测量三相平衡负荷电流时，放入两相导线的指示值与放入一相导线的指示值不同。 （   ）

(4) 钳形电流表可以在不断开电路的情况下测量电流。 （   ）

(5) 钳形电流表在测量中如需要变换挡位，应将导线从钳口中退出，再调整转换开关。

（   ）

2. 选择题

(1) 钳型表测量完毕后，一定要把仪表的量程开关置于（   ）位置上，以防下次使用时，因疏忽大意未选择量程就进行测量，造成损坏仪表的意外事故。

    A. 最大量程   B. 最小量程   C. 中间量程

(2) 在用钳形表测量三相三线电能表的电流时，假定三相平衡，若将两根相线同时放入，测量的读数为20A，则实际相电流正确的是（   ）。

    A. 40A   B. 20A

    C. 30A   D. 10A

(3) 以下是有关"钳形电流表"使用的描述，其中正确的包括（   ）。

    A. 钳形电流表可带电测量裸导线、绝缘导线的电流

    B. 钳形电流表可带电测量绝缘导线的电流而不能测量裸导线

    C. 钳形电流表在测量过程中不能带电转换量程

    D. 钳形电流表铁芯穿入三相对称回路中三相电源线时，其读数为"三相电流数值之和"。

(4) 一般钳形电流表，不适用（   ）电流的测量。

    A. 单相交流电路   B. 三相交流电路

    C. 直流电路   D. 高压交流二次回路

(5) 使用钳形电流表测量绕组式异步电动机的转子电流时，必须选用具有（   ）测量结构的钳形表。

    A. 磁电式   B. 电磁式

    C. 电动式   D. 感应式

(6) 关于钳形电流表的使用，下列（   ）种说法是正确的。

    A. 导线在钳口中时，可由大到小切换量程

    B. 导线在钳口中时，可由小到大切换量程

C. 导线在钳口中时，可任意切换量程

D. 导线在钳口中时，不能切换量程

3. 简答题

（1）钳形表的用途是什么？

（2）使用钳形电流表时应注意什么问题？

综合评定

1. 自我评价

（1）本任务我学会和理解了：

_____

_____

_____

（2）我最大的收获是：

_____

_____

_____

（3）我的课堂体会是：快乐（　　）、沉闷（　　）

（4）学习工作页是否填写完毕？是（　　）、否（　　）

（5）工作过程中能否与他人互帮互助？能（　　）、否（　　）

2. 小组评价

（1）学习页是否填写完毕？

评价情况：是（　　）、否（　　）

（2）学习页是否填写正确？

错误个数：1（　　）2（　　）3（　　）4（　　）5（　　）6（　　）7（　　）8（　　）

（3）工作过程当中有无危险动作和行为？

评价情况：有（　　）、无（　　）

（4）能否主动与同组内其他成员积极沟通，并协助其他成员共同完成学习任务？

评价情况：能（　　）、否（　　）

（5）能否主动执行作业现场 6S 要求？

评价情况：能（　　）、不能（　　）

3．教师评价

综合考核评比表如表 5-2 所示。

表 5-3　任务五综合考核评比表

序号	考核内容	评分标准	配分	自我评价 0.1	小组评价 0.3	教师评价 0.6	得分
1	任务完成情况	知识要点中练习题质量评分	10分				
		钳形表的使用操作是否规范，量程及功能选择是否合理	15分				
		有关钳形表的测量各项任务是否完成	15分				
2	责任心与主动性	如果丢失或故意损坏实训物品，全组得0分，不得参加下一次实训学习	15分				
		主动完成课堂作业，完成作业的质量高，主动回答问题	10分				
3	团队合作与沟通	团队沟通，团队协作，团队完成作业质量	10分				
4	课堂表现	上课表现（上课睡觉，玩手机，或其他违纪行为等）一次全组扣5分	15分				
5	职业素养（6S标准执行情况）	无安全事故和危险操作，工作台面整洁，仪器设备的使用规范合理	10分				
6	总分						

获得等级：90分以上（　）☆☆☆☆☆　　积5分

　　　　　75～90分（　）☆☆☆☆　　积4分

　　　　　60～75分（　）☆☆☆　　积3分

　　　　　60分以下（　）　　积0分

　　　　　50分以下（　）　　积-1分

注：学生每完成一个任务可获得相应的积分，获得90分以上的学生可评为项目之星。

教师签名：＿＿＿＿＿＿

日期：　　年　月　日

5.2 学习页

 学习目标

1. **钳形电流表的种类**

（1）指针式钳形表
（2）数字式钳形表

2. **钳形表面板介绍**

3. **钳形表的使用方法**

 相关知识

钳形电流表通常作为交流电流表使用，它的表头有一个钳形头，故称为钳形表。

通常用普通电流表测量电流时，需要将电路切断停机后才能将电流表接入进行测量，这是很麻烦的，有时正常运行的电动机不允许这样做。此时，使用钳形电流表就显得方便多了，可以在不切断电路的情况下来测量电流。

1. **钳形表的种类**

钳形表按照结构形式不同可分为指针式钳形表和数字式钳形表。

（1）指针式钳形表

如图 5-1 所示为指针式钳形表的外观，它主要用于测量交流电流。

（2）数字式钳形表

数字式钳形表主要通过液晶显示屏，将所测量的结果直接以数字形式直接显示出来的仪表，如图 5-2 所示为常见数字式钳形表的外观。

2. **钳形表面板介绍**

钳形表种类很多，不同的钳形表的面板也略有不同，在这里主要介绍数字式钳形表，如图 5-3 所示为钳形表的面板。

图 5-1　指针式钳形表的外观　　　图 5-2　数字式钳形表的外观

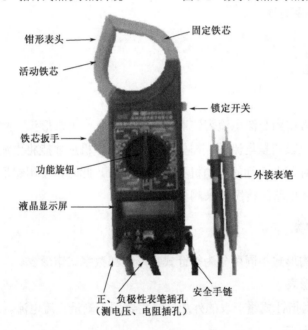

图 5-3　钳形表的面板

（1）钳形表头

钳形表头由固定铁芯和活动铁芯组成，钳形表头的内部缠有线圈，通过缠绕的线圈组成一个闭合的磁路，按下表头闭合开关便可以看到钳形表的连接处缠有线圈，如图 5-4所示。

（2）铁芯扳手

用来操作活动铁芯，按下扳手可使钳口张开。

（3）功能旋钮

钳形表的功能旋钮位于操作面板的中心位置，在其四周有量程刻度盘，用来选择测量电压、电流、电阻等，如图 5-5 所示。

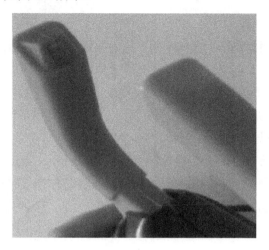

图 5-4　钳形表头

测量时，只需要调整中间的功能旋钮，使其指示到与被测物理量相应的挡位及量程刻度，即可进入相应的测量，结果会在液晶屏上显示。

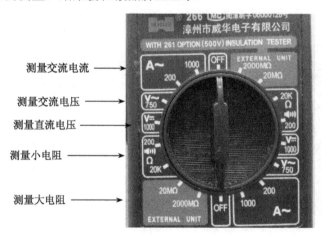

图 5-5　钳形表的功能面板

（4）液晶显示屏

液晶显示屏用来显示测量最终数值。

（5）表笔插孔

钳形表的操作面板下主要有 3 个插孔，用来与表笔进行连接用，且每个插孔都用文字或符号进行标识，与万用表相似。

（6）锁定开关

按下此键，仪表当前所测数值就会保持在液晶屏上。

（7）安全手链

将安全手链套在手腕上，可防止使用过程中仪器从手中滑落。

3. 钳形表的使用方法

（1）使用前的准备工作

① 选择钳形表。根据测量对象的不同，正确选择不同型号的钳形电流表。

② 检查仪表的好坏。重点检查钳口上的绝缘材料（橡胶或塑料）有无脱落、破裂等现象，这些都直接关系着测量安全并涉及仪表的性能问题；对于数字式钳形电流表，还需检查表内电池的电量是否充足，不足时必须更新。对于多用型钳形电流表，还应检查测试线和表棒有无损坏，要求导电良好、绝缘完好。

注：对于指针式钳形表还要检查零点是否正确，若表针不在零点时可通过调节机构调准。

③ 选择功能及量程。通过调整钳形表的功能旋钮调整钳形表的不同量程，在选量程时要选择稍大于被测量值的量程，若不知道被测量值的大小，可依据先选大后选小或看铭牌值估算的原则；再进行电压、电流、电阻等的测量。

（2）钳形表的使用

① 测量电压。钳形表可以分别检测交、直流电压，可通过调整功能旋钮来选择不同的电压检测范围。钳形电流表测量交、直流电压的方法与数字式万用表测量电压相似，在这里介绍测量交流电压为例，具体操作步骤见表 5-4。

表 5-4 钳形表测量电压的操作步骤

步骤	图示	操作方法
步骤一	 图5-6 选择合适的量程	检测电压前，要选测合适的量程： 将红表笔连接到"＋"极性插孔，黑表笔连接到"－""或COM"极性插孔，再将功能旋钮调整至所需电压挡，如图5-6所示
步骤二	 图5-7 钳形表并联电路中	将钳形表并联接入被测电路中，如图5-7所示，并且在检测交流电压时，不用区分电压的正负极性

② 测量电流。用钳形表测量电流，在这里选择安全用电实验台为电流检测对象，介绍一下钳形表检测电流的步骤。具体操作步骤见表5-5。

表5-5　钳形表测量电流的操作步骤

步骤	图示	操作方法
步骤一	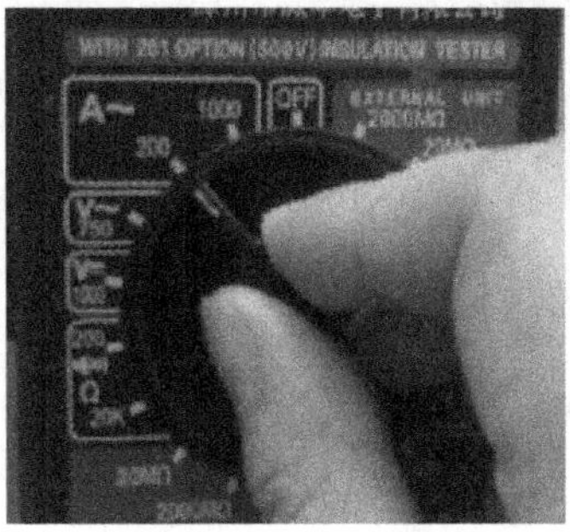 图5-8　选择合适的挡位	选择交流电流挡位： 将功能旋钮调整至所需电流挡，如图5-8所示
步骤二	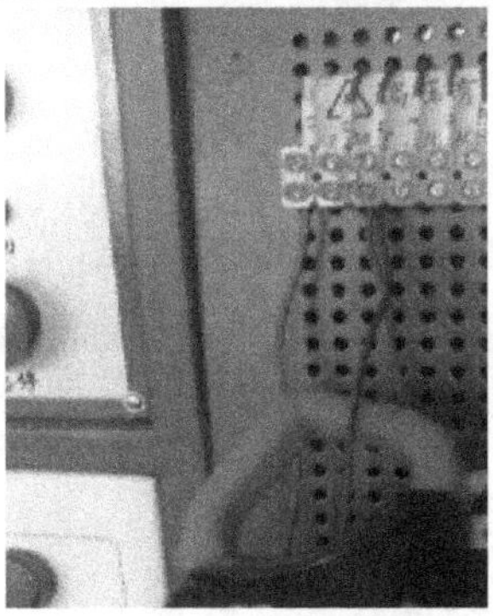 图5-9　导线置于钳形窗口中央	钳形表每次只能测量一相导线的电流，被测导线应置于钳形窗口中央，如图5-9所示

③ 测量电阻。用数字式钳形表测电阻与数字式万用表测电阻的方法相似，具体操作步骤见表5-6。

表5-6　钳形表测量电阻的操作步骤

步骤	图示	操作方法
步骤一	 图5-10　将表笔插入插孔	将钳形表的表笔插入表笔插孔中，将红色表笔插入正极性插孔，黑色表笔插入负极性插孔中，如图5-10所示

步骤	图示	操作方法
步骤二	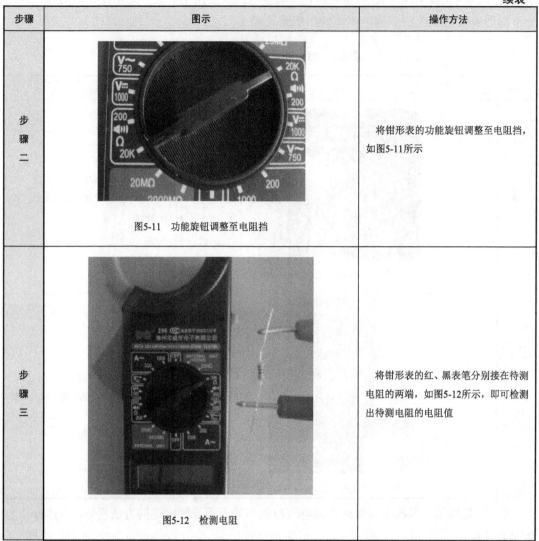 图5-11 功能旋钮调整至电阻挡	将钳形表的功能旋钮调整至电阻挡，如图5-11所示
步骤三	图5-12 检测电阻	将钳形表的红、黑表笔分别接在待测电阻的两端，如图5-12所示，即可检测出待测电阻的电阻值

4．使用钳形表的注意事项

（1）每次测量完毕后，一定要把调节开关放在最大电流量程的位置，以防下次使用时，由于未经选择量程而造成仪表损坏。当长时间不需要使用本仪器时，请先取出电池再保存。

（2）要有专人保管，不用时应存放在环境干燥、温度适宜、通风良好、无强烈震动、无腐蚀性和有害物质的室内货架或柜子内加以妥善保管。

（3）测量时，应使被测导线处在钳口的中央，并使钳口闭合紧密，以减少误差。

（4）被测线路的电压要低于钳形表的额定电压。

（5）钳口在测量时闭合要紧密，闭合后如有杂音，可打开钳口重合一次，若杂音仍不能消除时，应检查磁路上各结合面是否光洁，有尘污时要擦拭干净。

（6）当改变量程或功能时，每一根表笔均要与被测电路断开。

（7）在进行电流测量时，务必将表笔从仪表上取出。

（8）测量高压线路的电流时，要戴绝缘手套，穿绝缘鞋，站在绝缘垫上；身体各部位与带电体保持在安全距离（低压系统安全距离为0.1～0.3m）之内。潮湿和雷雨天气不能到室外使用钳形表。

（9）测量5A以下较小电流时，可将被测导线多绕几圈再放入钳口测量。被测的实际电流等于仪表读数除以放进钳口中导线的圈数。

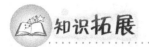

钳形表工作原理

钳形表的工作原理和变压器一样。初级线圈就是穿过钳形铁芯的导线，相当于1匝的变压器的一次线圈，这是一个升压变压器。二次线圈和测量用的电流表构成二次回路。当导线有交流电流通过时，就是这一匝线圈产生了交变磁场，在二次回路中产生了感应电流，电流的大小和一次电流的比例，相当于一次和二次线圈的匝数的反比。钳形电流表用于测量小电流时，如果电流不够大，可以将一次导线再绕过钳形表增加圈数，同时将测得的电流数除以圈数。

钳形电流表的穿心式电流互感器的副边绕组缠绕在铁芯上且与交流电流表相连，它的原边绕组即为穿过互感器中心的被测导线。旋钮实际上是一个量程选择开关，扳手的作用是开合穿心式互感器铁芯的可动部分，以便使其钳入被测导线。

测量电流时，按动扳手，打开钳口，将被测载流导线置于穿心式电流互感器的中间，当被测导线中有交变电流通过时，交流电流的磁通在互感器副边绕组中感应出电流，该电流通过电磁式电流表的线圈，使指针发生偏转，在表盘标度尺上指出被测电流值。

任务六

接地电阻测试仪的使用

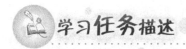

6.1 工作页

学习**任务**描述

1. 提出任务

在工程技术领域，接地电阻是一个非常重要的物理量，其测量日益重要。例如，许多部门都因采用计算机等信息技术而面临雷击危险，都需考虑建筑物的接地技术是否合格。国内外所制定的防雷规范中接地电阻值均有明确的规定值。假如要你设计出某栋大楼的接地电阻的测量方法，你会怎么设计？

2. 引导任务

要对大楼的接地电阻进行测量，该准备哪些工具设备？需要多少人一起配合完成？这些问题可以事先安排。

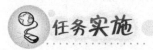

任务**实施**

1. 实施步骤

（1）教学组织

教学组织流程如下图所示。

教师讲解完毕，让小组组长分列站好，听到老师指令后按照老师演示的动作规范操作。

分组实训：每 3 人一组，每组小组长一名。

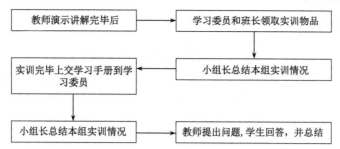

（2）必要器材/必要工具

① ZC-8 型接地电阻测量仪 1 台。

② 绝缘手套 1 副。

③ 探针一对。

④ 测量线若干。

⑤ 电工常用工具 1 套。

（3）任务要求

① 查阅相关资料与学习页，设计出测量接地电阻的测量步骤。

_____

_____

_____

_____

_____

② 正确安全接好测试线与大楼的接地网。

③ 检查无误后开始测量。

④ 读数并记录。

⑤ 写出测量方法，记录测量数据。

测量中碰到的问题：_____

_____

_____

_____

_____

_____

解决的方法：_____

_____

_____

_____

_____

_____

⑥ 四端钮接地摇表，如表 6-1 所示。

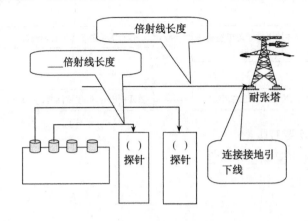

图 6-1　四端钮接地摇表工作原理图

⑦ 三端钮接地摇表，如表 6-2 所示。

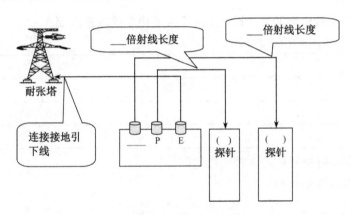

图 6-2　三端钮接地摇表工作原理图

知识要点

1. 接地电阻测量仪也称接地摇表，主要用于＿＿＿＿＿＿测量各种接地装置的接地电阻值。目前，学校的 ZC-8 型接地摇表有两种，一种为三个端钮；另一种为四个端钮。

2. ZC-8 型接地电阻测量仪主要是由 ＿＿＿＿＿＿＿＿＿、＿＿＿＿＿＿＿、＿＿＿＿＿＿＿、＿＿＿＿＿＿＿＿及＿＿＿＿＿＿＿等构成，全部密封在铝合金铸造的外壳内。

3. 仪表都附带有两根探针，一根是＿＿＿＿＿＿，另一根是＿＿＿＿＿。

4. 接地摇表必须水平放置于＿＿＿＿＿＿的地方，以免在摇动时因＿＿＿＿＿和＿＿＿＿＿产生误差。

5. 摇表又称＿＿＿＿＿，是用来测量被测设备的＿＿＿＿＿和＿＿＿＿＿的仪表，它由一个＿＿＿＿＿、＿＿＿＿＿和＿＿＿＿＿组成。

6．摇表有三个接线端钮，分别为：＿＿＿＿＿＿＿＿、＿＿＿＿＿＿＿＿、＿＿＿＿＿＿＿＿。

7．接地电阻测试要求：

（1）交流工作接地，接地电阻不应大于＿＿＿＿＿＿Ω；

（2）安全工作接地，接地电阻不应大于＿＿＿＿＿＿Ω；

（3）直流工作接地，接地电阻应按计算机系统具体要求确定；

（4）防雷保护地的接地电阻不应大于＿＿＿＿＿＿Ω；

（5）对于屏蔽系统如果采用联合接地时，接地电阻不应大于＿＿＿＿＿＿Ω。

8．ZC-8 型接地电阻测试仪适用于测量各种＿＿＿＿＿系统、＿＿＿＿＿＿＿＿设备、＿＿＿＿＿＿＿＿等接地装置的电阻值。亦可测量低电阻导体的＿＿＿＿＿＿＿＿和＿＿＿＿＿＿＿＿电阻率。本仪表工作由＿＿＿＿＿＿＿＿发电机、＿＿＿＿＿＿＿＿互感器、＿＿＿＿＿＿＿＿及检流计等组成，全部结构装在塑料壳内，外有皮壳便于携带。附件有辅助探针、导线等，装于附件袋内。其工作原理采用基准电压比较式。

9．测量方法

（1）将两个接地探针沿接地体辐射方向分别插入距接地体＿＿＿＿m、＿＿＿＿m 的地下，插入深度为＿＿＿＿mm。

（2）将接地电阻测量仪平放于接地体附近，并进行接线，接线方法如下。

① 用最短的专用导线将接地体与接地测量仪的接线端"E_1"（三端钮的测量仪）或与 C_2、P_2"短接后的公共端（四端钮的测量仪）相连。

② 用最长的专用导线将距接地体＿＿＿＿m 的测量探针（电流探针）与测量仪的接线钮"C_1"相连。

③ 用余下的长度居中的专用导线将距接地体＿＿＿＿m 的测量探针（电位探针）与测量仪的接线端"P_1"相连。

（3）将测量仪水平放置后，检查检流计的指针是否指向中心线，否则调节"零位调整器"使测量仪指针指向中心线。

（4）将"＿＿＿＿"（或称粗调旋钮）置于最大倍数，并慢慢地转动发电机转柄（指针开始偏移），同时旋动"＿＿＿＿"（或称细调旋钮）使检流计指针指向中心线。

（5）当检流计的指针接近于平衡时（指针近于中心线）加快摇动转柄，使其转速达到＿＿＿＿r/min 以上，同时调整"测量标度盘"，使指针指向中心线。

（6）若"测量标度盘"的读数过小（小于 1）不易读准确时，说明"倍率标度"倍数过大。此时应将"倍率标度"置于较小的倍数，重新调整"测量标度盘"，使指针指向中心线上，并读出准确读数。

（7）计算测量结果，即：$R_{地}$＝"倍率标度"读数×"测量标度盘"读数。（例如，倍率为×10，测量标度盘为8.8，则实际读数 $R_{地}$ 为＿＿＿＿）。

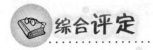

综合评定

1．自我评价

（1）本任务我学会和理解了：

_____

_____

_____

_____

_____

（2）我最大的收获是：

_____

_____

_____

_____

_____

（3）我的课堂体会是：快乐（ ）、沉闷（ ）

（4）学习工作页是否填写完毕？是（ ）、否（ ）

（5）工作过程中能否与他人互帮互助？能（ ）、否（ ）

2．小组评价

（1）学习页是否填写完毕？

评价情况：是（ ）、否（ ）

（2）学习页是否填写正确？

错误个数：1（ ）2（ ）3（ ）4（ ）5（ ）6（ ）7（ ）8（ ）

（3）工作过程当中有无危险动作和行为？

评价情况：有（ ）、无（ ）

（4）能否主动与同组内其他成员积极沟通，并协助其他成员共同完成学习任务？

评价情况：能（ ）、不能（ ）

（5）能否主动执行作业现场 6S 要求？

评价情况：能（ ）、不能（ ）

3．教师评价

综合考核评比表如表 6-1 所示。

表 6-1　任务六综合考核评比表

序号	考核内容	评分标准	配分	自我评价 0.1	小组评价 0.3	教师评价 0.6	得分
1	任务完成情况	按照填空答案质量评分	10分				
		接地电阻测试的使用是否合理，接线是否正确，操作是否得当	15分				
		任务中各项功能是否实现	15分				
2	责任心与主动性	如果丢失或故意损坏实训物品，全组得0分，不得参加下一次实训学习	15分				
		主动完成课堂作业，完成作业的质量高，主动回答问题	10分				
3	团队合作与沟通	团队沟通，团队协作，团队完成作业质量	10分				
4	课堂表现	上课表现（上课睡觉，玩手机，或其他违纪行为等）一次全组扣5分	15分				
5	职业素养（6S标准执行情况）	无安全事故和危险操作，工作台面整洁，仪器设备的使用规范合理	10分				
6	总分						

获得等级：90分以上（　） ☆☆☆☆☆　积5分

　　　　　75～90分（　） ☆☆☆☆　积4分

　　　　　60～75分（　） ☆☆☆　积3分

　　　　　60分以下（　）　　　　积0分

　　　　　50分以下（　）　　　　积-1分

注：学生每完成一个任务可获得相应的积分，获得90分以上的学生可评为项目之星。

教师签名：_____

日期：　　年　月　日

6.2 学习页

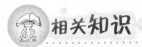 **学习目标**

1. 接地电阻测试仪的主要功能
2. 接地电阻测试仪的测试要求
3. 接地电阻测试仪的测试方法
4. 接地电阻测试仪的使用注意事项

相关知识

1. 接地电阻测试仪的相关简介

（1）接地电阻测试要求

a. 交流工作接地，接地电阻不应大于 4Ω；

b. 安全工作接地，接地电阻不应大于 4Ω；

c. 直流工作接地，接地电阻应按计算机系统具体要求确定；

d. 防雷保护地的接地电阻不应大于 10Ω；

e. 对于屏蔽系统如果采用联合接地时，接地电阻不应大于 1Ω。

（2）接地电阻测试仪

ZC-8 型接地电阻测试仪适用于测量各种电力系统、电气设备、避雷针等接地装置的电阻值，亦可测量低电阻导体的电阻值和土壤电阻率。

本仪表由手摇发电机、电流互感器、滑线电阻及检流计等组成，全部结构装在塑料壳内，外有皮壳便于携带。附件有辅助探棒、导线等，装于附件袋内。其工作原理采用基准电压比较式。

（3）使用前检查测试仪是否完整

测试仪包括器件如图 6-3 所示。

① ZC-8 型接地电阻测试仪一台。

② 辅助接地棒二根。

③ 导线 5m、20m、40m 各一根。

（4）面板介绍

图 6-3　接地电阻测试仪器件

如图 6-4 所示，接地电阻测试仪的面板、器件和表盘介绍。

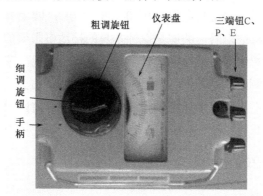

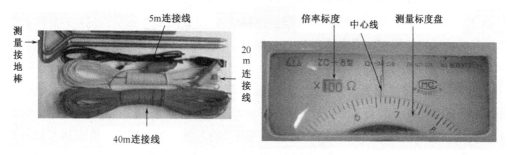

图 6-4　接地电阻测试仪介绍

2．ZC-8接地电阻测试仪的种类

接地电阻测量仪也称接地摇表，主要用于直接测量各种接地装置的接地电阻值。目前，学校的 ZC-8 型接地摇表有两种：一种为三个端钮，如图 6-5 所示；另一种为四个端钮，如图 6-6 所示。

图 6-5　三个端钮接地摇表　　　图 6-6　四个端钮接地摇表

ZC-8 型接地电阻测量仪主要是由手摇发电机、相敏整流放大器、电位器、电流互感器及检流计等构成，全部密封在铝合金铸造的外壳内。仪表都附带有两根探针，一根是电位探针，另一根是电流探针。

ZC-8 型接地摇表有两种量程,一种是 0-1-10-100Ω;另一种是 0-10-100-1000Ω。学校现有的接地摇表中,三个端钮的量程为 0-10-100-1000Ω;四个端钮的量程为 0-1-10-100Ω。

用接地摇表测量接地电阻,关键是探针本身的接地电阻值的大小,如果探针本身接地电阻较大,会直接影响仪器的灵敏度,甚至测不出来。一般电流探针本身的接地电阻不应大于 250Ω,电位探测针本身的接地电阻不应大于 1000Ω。这些数值对大多数种类的土质是容易达到的,如在高土壤电阻率地区进行测量,可将探针周围的土壤用盐水浇湿,探针本身的电阻就会大大降低。探针一般采用直径为 0.5cm、长度为 50cm 的镀锌铁棒制作而成。

3. 接地电阻测试仪的使用步骤

(1)使用前的检查

① 外观检查。先检查仪表是否有试验合格标志,接着检查外观是否完好;然后看指针是否居中;最后轻摇摇把,看是否能轻松转动。

② 开路检查(参见图 6-7)。

a. 三个端钮的接地摇表。将仪表电流端钮"C"和电位端钮"P"短接,然后轻摇摇表,摇表的指针直接偏向读数最大方向;

b. 四端钮的接地摇表。将仪表上的电流端钮"C_1"和电位端钮"P_1"短接,再将接地两端钮"C_2"、"P_2"短接(注:这就是我们常说的两两相接),然后轻摇摇表,摇表的指针直接偏向读数最大方向。

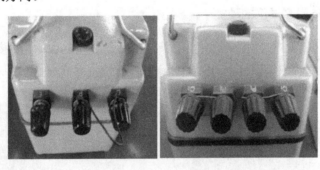

图 6-7 开路检查

③ 短路检查。如图 6-8 所示,不管是三端钮的仪表还是四端钮的仪表,均将所有端钮连接起来,然后轻摇摇表,摇表的指针偏往"0"的方向。

图 6-8 短路检查

通过上述三个步骤的检查后，基本上可以确定仪表是否完好。

（2）接地电阻测试仪使用方法

① 使用接地电阻测试仪准备工作

a. 熟读接地电阻测量仪的使用说明书，应全面了解仪器的结构、性能及使用方法。

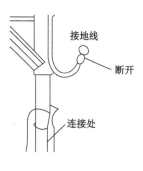

b. 备齐测量时所必须的工具及全部仪器附件，并将仪器和接地探针擦拭干净，特别是接地探针，一定要将其表面影响导电能力的污垢及锈渍清理干净。

c. 将接地干线与接地体的连接点或接地干线上所有接地支线的连接点断开，使接地体脱离任何连接关系成为独立体，如图 6-9 所示。

图 6-9　使接地体成独立体

② 使用接地电阻测试仪测量步骤。

a. 将两个接地探针沿接地体辐射方向分别插入距接地体 20m、40m 的地下，插入深度为 400mm，如图 6-10 所示。

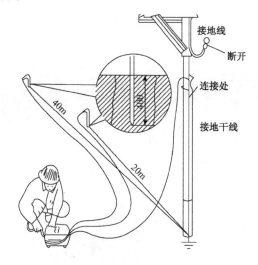

图 6-10　接地电阻测试使用图解

b. 将接地电阻测量仪平放于接地体附近，并进行接线，接线方法如下：

● 用最短的专用导线将接地体与接地测量仪的接线端"E₁"（三端钮的测量仪）或与 C₂、P₂"短接后的公共端（四端钮的测量仪）相连，如图 6-11 所示。

● 用最长的专用导线将距接地体 40m 的测量探针（电流探针）与测量仪的接线钮"C₁"相连。

● 用余下的长度居中的专用导线将距接地体 20m 的测量探针（电位探针）与测量仪的接线端"P₁"相连。

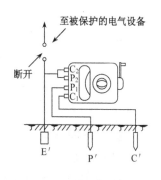

图 6-11　连线原理图

c. 将测量仪水平放置后，检查检流计的指针是否指向中心线，否则调节"零位调整器"使测量仪指针指向中心线，如图 6-12 所示。

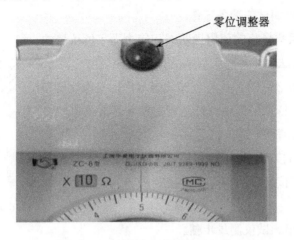

图 6-12　使测量仪指针指向中心线

d. 将"倍率标度"（或称粗调旋钮）置于最大倍数，并慢慢地转动发电机转柄（指针开始偏移），同时旋动"测量标度盘"（或称细调旋钮）使检流计指针指向中心线，如图 6-13 所示。

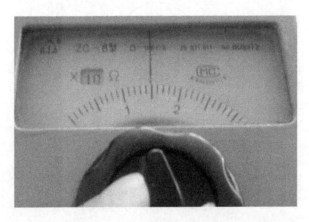

图 6-13　使检流计指针指向中心线

e. 当检流计的指针接近于平衡时（指针近于中心线）加快摇动转柄，使其转速达到 120r/min 以上，同时调整"测量标度盘"，使指针指向中心线。

f. 若"测量标度盘"的读数过小（小于 1）不易读准确时，说明"倍率标度"倍数过大。此时应将"倍率标度"置于较小的倍数，重新调整"测量标度盘"使指针指向中心线上，并读出准确读数。

g. 计算测量结果，即：$R_{地}$＝"倍率标度"读数×"测量标度盘"读数。

（3）正确读数

ZC-8 型接地摇表的数字盘上显示为 1、2、3…10 共 10 个大格，每个大格中有 10 个小格。三端钮的接地摇表倍数盘内有 1、10、100 三种倍数；四端钮的接地摇表倍数盘内有 0.1、1、10 三种倍数。在规定转速内，仪表指针稳定时指针所指的数乘以所选择的倍数即是测量结果。如：当指针指在 8.8，而选择的倍数为 10 时，测量出来的电阻值为 8.8×10=88Ω。

（4）测量接地电阻值时接线方式的规定

仪表上的 E 端钮接 5m 导线，P 端钮接 20m 线，C 端钮接 40m 线，导线的另一端分别接被测物接地极 E′、电位探棒 P′ 和电流探棒 C′，且 E′、P′、C′ 应保持直线，其间距为 20m。

① 测量大于等于 1Ω 接地电阻

测量大于等于 1Ω 接地电阻时，接线图如图 6-14 所示，将仪表上 2 个 E 端钮连结在一起。

② 测量小于 1Ω 接地电阻

测量小于 1Ω 接地电阻时，接线图如图 6-15 所示。将仪表上 2 个 E 端钮导线分别连接到被测接地体上，以消除测量时连接导线电阻对测量结果引起的附加误差。

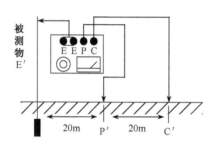

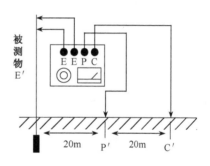

图 6-14　测量大于等于 1Ω 接地电阻　　　　图 6-15　测量小于 1Ω 接地电阻

4．使用注意事项

（1）解开和恢复接地引下线时均应戴绝缘手套。

（2）按照接地装置规程要求，将两盘线展开并顺线路垂直方向拉，其中电流极为接地装置边线与射线之和的 4 倍，电压极为接地装置边线与射线之和的 2.5 倍，并注意两根线之间的距离不应小于 1m。两根探针打入地的深度不得小于 0.5m，并且拉线与探针必须连接可靠，接触良好。

（3）必须确认只有在负责拉线和打探针的人员不碰触探针或其他裸露部分的情况下，才可以摇动接地摇表。

（4）摇测时，应从最大量程进行，根据被测物电阻的大小逐步调整量程。摇表的转速应保持在 120r/min（注：这个数不是绝对的，须根据表本身来定。目前学校新的一批表中，有要求 150r/min 的。）

（5）若摇测时遇到较大的干扰，指针摆动幅度很大，无法读数，应先检查各连接点是否接触良好，然后再重测。如还是一样，可将摇速先增大后降低（不能低于规定值），直至指针比较稳定时再读数，若指针仍有较小摆动，可取其平均值。

（6）接地电阻的测量应在气候相对干燥的季节进行，避免雨后立即测量，以免测量结果不真实。

（7）测量时，应遵守现场安全规定。雷云在杆塔上方活动时应停止测量，并撤离测量现场。

（8）测量完毕，应对设备充分放电，否则容易引起触电事故。

任务七

示波器的使用

7.1 工作页

 学习**任务**描述

1. 提出任务

在电视机检测与维修中，我们通常要测量某部分电路的输出波形正常不正常，以查找故障的位置。例如：若电视机出现无光栅、无图像的现象，则有可能是行扫描电路的故障，我们需要测量行震荡电路的波形，请你思考，应该用什么仪器来检测呢？

2. 引导任务

我们可以用示波器测量行震荡电路的波形，示波器可以观察电路的输出波形，可以测量电压幅值、频率和周期等多种参数。

实施步骤:

(1) 教学组织

教学组织流程如下图所示。

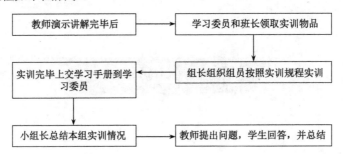

教师讲解完毕,让小组组长分列站好,听到老师指令后按照老师演示的动作规范操作。

分组实训:每3人一组,每组小组长一名。

(2) 必要器材/必要工具

① 信号发生器1台。

② 数字双踪示波器1台。

③ 稳压电源电路板1块。

④ 探头一副。

(3) 任务要求

① 认识示波器面板按钮及功能。

② 示波器的通道设置方法,了解通道耦合对信号显示的影响。

③ 示波器电压测量、时间测量方法。

④ 李萨如图形测量方法。

⑤ 测量直流稳压电源的电压波形。

测量中碰到的问题:＿＿＿＿＿＿＿＿＿＿＿＿＿＿＿＿＿＿＿＿＿＿＿＿＿＿＿＿

＿＿＿＿＿＿＿＿＿＿＿＿＿＿＿＿＿＿＿＿＿＿＿＿＿＿＿＿＿＿＿＿＿＿＿＿＿

＿＿＿＿＿＿＿＿＿＿＿＿＿＿＿＿＿＿＿＿＿＿＿＿＿＿＿＿＿＿＿＿＿＿＿＿＿

＿＿＿＿＿＿＿＿＿＿＿＿＿＿＿＿＿＿＿＿＿＿＿＿＿＿＿＿＿＿＿＿＿＿＿＿＿

＿＿＿＿＿＿＿＿＿＿＿＿＿＿＿＿＿＿＿＿＿＿＿＿＿＿＿＿＿＿＿＿＿＿＿＿＿

解决的方法:＿＿＿＿＿＿＿＿＿＿＿＿＿＿＿＿＿＿＿＿＿＿＿＿＿＿＿＿＿＿

＿＿＿＿＿＿＿＿＿＿＿＿＿＿＿＿＿＿＿＿＿＿＿＿＿＿＿＿＿＿＿＿＿＿＿＿＿

＿＿＿＿＿＿＿＿＿＿＿＿＿＿＿＿＿＿＿＿＿＿＿＿＿＿＿＿＿＿＿＿＿＿＿＿＿

＿＿＿＿＿＿＿＿＿＿＿＿＿＿＿＿＿＿＿＿＿＿＿＿＿＿＿＿＿＿＿＿＿＿＿＿＿

＿＿＿＿＿＿＿＿＿＿＿＿＿＿＿＿＿＿＿＿＿＿＿＿＿＿＿＿＿＿＿＿＿＿＿＿＿

＿＿＿＿＿＿＿＿＿＿＿＿＿＿＿＿＿＿＿＿＿＿＿＿＿＿＿＿＿＿＿＿＿＿＿＿＿

⑥ 示波器校准。

a. 接入信号到通道 1（CH1），将输入探头和接地夹接到探头补偿器的连接器上，按下 AUTO 按钮，图 7-1 所示。

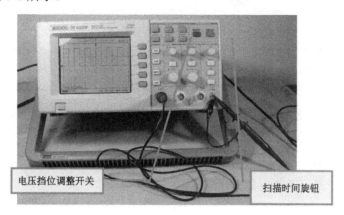

图 7-1　校正测量精确度

b. 利用 CH1 X 的"VOLTS/DIV"（电压挡位调整）及"TIME/DIV"（扫描时间旋钮）对示波器的 X 轴（时间）和 Y 轴（电压）方向的测量精确度进行校正，如图 7-1 所示，并计算电压峰峰值、周期及频率。

c. 接入信号到通道 2（CH2），重复上述操作，将两次测量值填入表 7-1 中。

表 7-1　测量结果记录表

待校通道	电压挡位 VOLTS/DIV	峰-峰垂直距离（格）	V_{P-P}（V）	扫描挡位选择 TIME/DIV	周期格数	周期T（s）	频率f(kHz)
CH1							
CH2							

d. 如图 7-2 所示，用数格子的方法调出以下信号波形，并完成表 7-2。

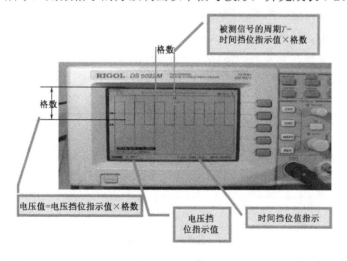

图 7-2　调出信号波形

表 7-2　信号波形计算结果

序　号	1	2	3
频率f	50Hz		2000Hz
周期T		400μF	
峰峰值Up-p	5V		800mV
峰值Up		100mV	
波形	正弦波	三角波	方波

⑦ 示波器的通道设置方法。在 CH1 接入由信号发生器送来峰峰值为 4V 的方波信号，关闭 CH2 通道。

a. 按 CH1 功能键，系统显示 CH1 通道的操作菜单，如图 7-3 所示；

b. 按耦合→交流，设置为交流耦合方式；

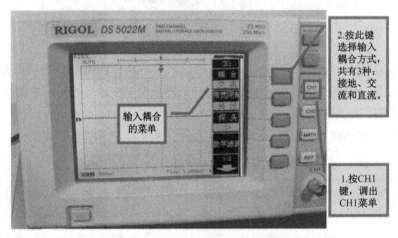

图 7-3　系统显示 CH1 通道的操作菜单

c. 按耦合→直流，设置为直流耦合方式；

d. 按耦合→接地，设置为接地方式；

e. 分别画出三种耦合方式的波形图，如表 7-3 所示。

表 7-3　三种耦合方式波形图

交流耦合方式波形图	
直流耦合方式波形图	

续表

接地方式波形图	

⑧ 信号的电压参数、时间参数的测量方法，如图 7-4 所示。

a. 在通道 1 接入一正弦波信号；

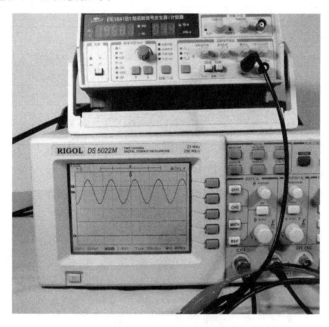

图 7-4　电压、时间测量

b. 按下 AUTO 按钮；

c. 调节垂直、水平挡位，直至波形符合测量要求；

d. 按下 MEASURE 按钮，以显示测量菜单，如图 7-5 所示；

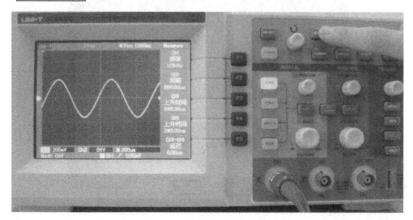

图 7-3　按 MEASURE 按钮

e. 按下"所有参数"按钮，读出以下各值：峰峰值、最大值、最小值、平均值、幅度、顶端值、底端值、均方根值、过冲值、预冲值、频率、周期、上升时间、下降时间、正脉宽、负脉宽、正占空比、负占空比、中间值，并填写表 7-4 中。

表 7-4　测量值记录表

电压参数	峰峰值		时间参数	频率	
	最大值			周期	
	最小值			上升时间	
	平均值			下降时间	
	幅度			正脉宽	
	顶端值			负脉宽	
	底端值			正占空比	
	均方根值			负占空比	
	过冲值			中间值	
	预冲值				

f. 按 F5 键，显示所有参数测量数据，如图 7-6 和图 7-7 所示。

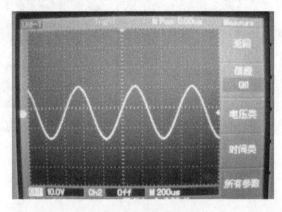

图 7-6　所有参数的测量

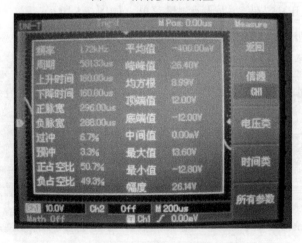

图 7-7　显示所有参数

⑨ 李萨如图形测量法

若通道 1 和通道 2 分别输入两信号频率为 f_x 和 f_y，荧光屏上会显示两个信号共同作用的波形。当两个信号的频率成简单整数比时，合成轨迹为一稳定的曲线，称为李萨如图形。图 7-8 所示即为李萨如图形的测量。

$$\frac{f_x}{f_y} = \frac{n_y}{n_x}$$

f_x——横向扫描信号的频率；

f_y——纵向扫描信号的频率；

n_x——李萨如图形与外切水平直线的切点数；

n_y——李萨如图形与外切垂直直线的切点数。

a. 向通道 1 中输入 x 轴信号——频率为 1kHz、电压为 2V 的正弦波（由数字信号发生器输入）；

b. 向通道 2 中输入 y 轴信号（先加 1kHz、3V 的正弦波）；

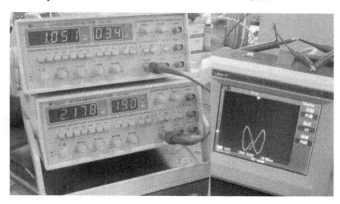

图 7-8　李萨如图形测量

c. 按下 AUTO 按钮，调出两个波形；

d. 调整水平、垂直挡位，直至波形稳定；

e. 按下水平 DISPLATY 键；

f. 图 7-9 所示，把 YT 模式改为 XY 模式；

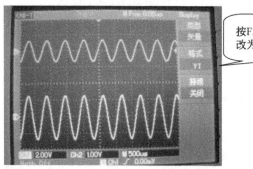

按F2键，把YT模式改为XY模式

图 7-7　按 DISPLATY 键

g. 观察李萨如图 7-10 所示。

改变 x 轴信号的频率，将得到不同的图形，并将测量数据记入表 7-5 中。

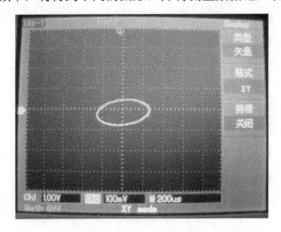

图 7-10 李萨如图形

表 7-5 李萨如图形测量数据记录表

$F_y : F_x$	1 : 1	1 : 2	1 : 3	2 : 3	3 : 2	3 : 4	2 : 1
李萨如图							
n_x							
n_y							
f_y（Hz）							

⑩ 测量直流稳压电源的波形图，并把波形画在表 7-6 上。

a. 用示波器测量二极管整流前的电压波形，如图 7-11 所示。

图 7-11 示波器测量二极管整流前的电压波形

b. 测量桥式整流后的电压波形，如图 7-12 所示。

c. 测量稳压后的电压波形，如图 7-13 所示。

图 7-12　测量桥式整流后的电压波形

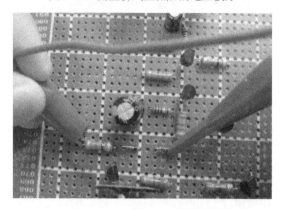

图 7-13　稳压后的电压波形

表 7-6　直流稳压电源测量波形图

二极管整流前的电压波形	
二极管整流后的电压波形	
测量稳压后的电压波形	

　知识要点

认识示波器面板

请填写图 7-14 空白处。

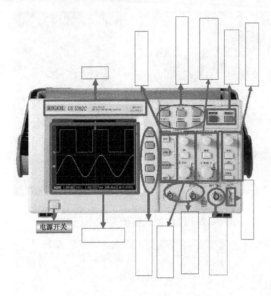

图 7-14　示波器面板

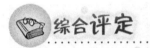

1. 自我评价

（1）本任务我学会和理解了：

_____

_____

（2）我最大的收获是：

_____

_____

（3）我的课堂体会是：快乐（　）、沉闷（　）

（4）学习工作页是否填写完毕？是（　）、否（　）

（5）工作过程中能否与他人互帮互助？能（　）、否（　）

2. 小组评价

（1）学习页是否填写完毕？

评价情况：是（　）、否（　）

（2）学习页是否填写正确？

错误个数：1（　）2（　）3（　）4（　）5（　）6（　）7（　）8（　）

（3）工作过程当中有无危险动作和行为？

评价情况：有（　）、无（　）

（4）能否主动与同组内其他成员积极沟通，并协助其他成员共同完成学习任务？

评价情况：能（　）、不能（　）

（5）能否主动执行作业现场 6S 要求？

评价情况：能（　）、不能（　）

3．教师评价

综合考核评比表如表 7-7 所示。

表 7-7　任务七综合考核评比表

序号	考核内容	评分标准	配分	自我评价 0.1	小组评价 0.3	教师评价 0.6	得分
1	任务完成情况	示波器面板各按键及功能	8分				
		三种耦合方式的波形图	10分				
		各种参数的测量方法	8分				
		李萨如图形的测量法	8分				
		直流稳压电源的波形图	16分				
2	责任心与主动性	如果丢失或故意损坏实训物品，全组得0分，不得参加下一次实训学习	10分				
		主动完成课堂作业，完成作业的质量高，主动回答问题	10分				
3	团队合作与沟通	团队沟通，团队协作，团队完成作业质量	10分				
4	课堂表现	上课表现（上课睡觉，玩手机，或其他违纪行为等）一次全组扣5分	10分				
5	职业素养（6S标准执行情况）	无安全事故和危险操作，工作台面整洁，仪器设备的使用规范合理	10分				
6	总分						

4．获得等级：90分以上（　）☆☆☆☆☆　　　积5分

75～90分（　）☆☆☆☆　　　积4分

60～75分（　）☆☆☆　　　积3分

60分以下（　）　　　积0分

50分以下（　）　　　　　积-1分

注：学生每完成一个任务可获得相应的积分，获得90分以上的学生可评为项目之星。

教师签名：＿＿＿＿＿＿

日期：　　　年　　月　　日

7.2 学习页

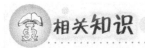
学习目标

1. 认识示波器面板按钮及功能
2. 学习示波器校准，掌握示波器电压峰峰值、周期、频率的读数方法
3. 掌握示波器的通道设置方法，弄清通道耦合对信号显示的影响
4. 示波器电压测量、时间测量方法
5. 学习李萨如图形测量方法

相关知识

1. 示波器的种类和工作原理

示波器是用来测量各种信号的仪器，可以测量电压波形，还可以测量频率、相位等。示波器分为模拟示波器和数字示波器。模拟示波器采用示波管（即电子枪）向屏幕发射电子，经聚焦形成电子束打到屏幕上。屏幕的内表面涂有荧光物质，这样电子束打中的点就会发出光来。模拟示波器又分通用示波器（单综）、双踪示波器。下面介绍双踪模拟示波器和数字示波器。

（1）模拟示波器（参见图 7-15）

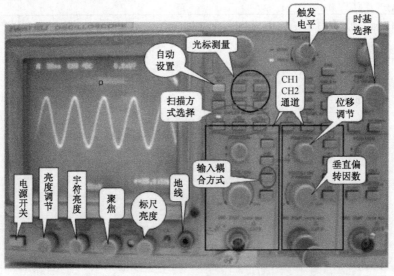

图 7-15　模拟示波器

（2）数字示波器

数字示波器不仅具有多重波形显示、分析和数学运算功能，波形、设置和位图文件存储功能，自动光标跟踪测量功能，波形录制和回放功能等，还支持即插即用 USB 存储设备和打印机，并可通过 USB 存储设备进行软件升级等。数字示波器的种类型号较多，下面以 UT2000/3000 系列数字示波器为例，介绍其用法。

2. UT2 000/3000系列数字示波器面板简介及功能

（1）数字示波器操作面板

UT2000/3000 系列数字示波器前操作面板介绍，如图 7-16 所示，按功能面板可分为液晶显示区、软件菜单区、软件操作区、运行控制区、垂直控制区、水平控制区、触发控制区、通道总控区等。

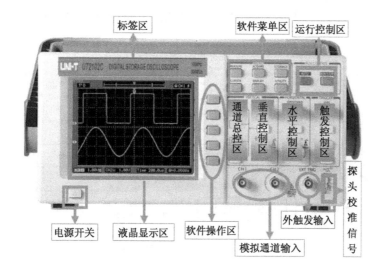

图 7-16　数字示波器面板

数字示波器面板功能说明，如表 7-8 所示。

表 7-8　数字示波器面板功能说明

编号	名称	功能说明
1	液晶显示区	高清晰彩色LCD显示器，具有320×234 的分辨率
2	运行控制区	AUTO键为自动搜寻信号和设定 RUN/STOP 键运行或停止波形采样
3	垂直控制区	调节波形在垂直方向的位置
4	软件菜单区	MEASURE键用于自动测量 ACQUIRE键为采样系统设置 STORAGE键为储存/读取USB和内部存储器的图像、波形和设定储存 CURSOR键为水平与垂直设定的光标 DISPLAY键为显示模式的设定 UTILITY键为系统设定

续表

编号	名称	功能说明
5	模拟通道输入	通道1：CH1
		通道2：CH2
6	通道总控区	屏幕显示对应通道的操作菜单、标志、波形和档位状态信息
7	水平控制区	将波形往右（顺时针旋转）移动或往左（逆时针旋转）移动
8	外触发输入	外触发信号输入端口
9	探头校准信号	输出电压幅值3V、频率1kHz的方波校准信号
10	软件操作区	对应不同的功能键，菜单会有所不同
11	触发控制区	触发信号的设定

（2）数字示波器显示界面

数字示波器显示界面如图7-17所示，它主要包括波形显示区和状态显示区。液晶屏边框线以内为波形显示区，用于显示信号波形、测量数据、水平位移、垂直位移和触发电平值等。

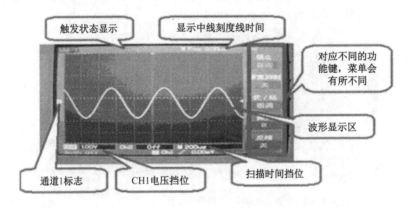

图7-17　数字示波器显示界面

3. 示波器的基本操作方法

（1）示波器探头（参见图7-18）

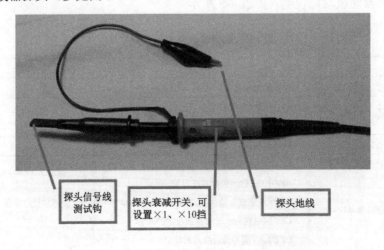

图7-18　探头

（2）输入/输出通道（参见图 7-19）

"CH1"和"CH2"为信号输入通道，EXT TRIG 为外触发信号输入端，最右侧为示波器校正信号输出端（输出频率 1kHz、电压幅值 3V 的方波信号）。

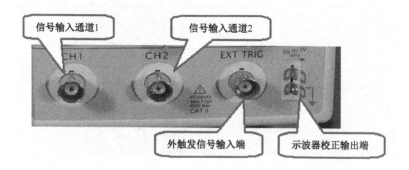

图 7-19　输入/输出通道

（3）示波器校准（参见图 7-20）

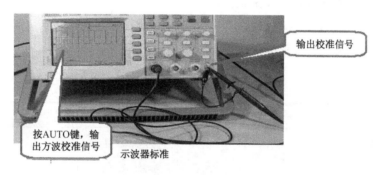

图 7-20　示波器校准

（4）运行控制区（参见表 7-9）

表 7-9　示波器运行控制区操作方法

步骤	图示	操作方法
1. 信号 自动 设置 （AUTO）	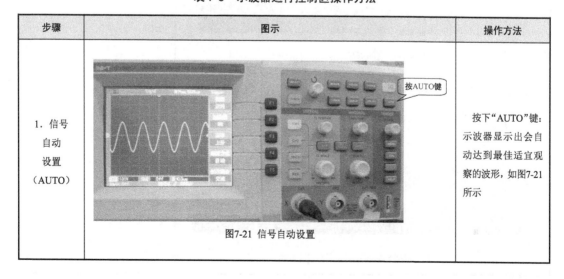 图7-21 信号自动设置	按下"AUTO"键：示波器显示出会自动达到最佳适宜观察的波形，如图7-21所示

步骤	图示	操作方法
2. 运行 /停止 （RUN/ STOP）	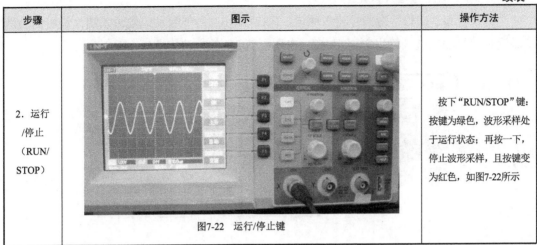 图7-22 运行/停止键	按下"RUN/STOP"键：按键为绿色，波形采样处于运行状态；再按一下，停止波形采样，且按键变为红色，如图7-22所示

注意：应用自动设置功能时，要求被测信号的频率大于或等于50Hz，占空比大于1%。

（5）垂直控制系统设置（参见表7-10）

① 垂直位置◎POSITION旋钮：可设置所选通道波形的垂直显示位置。转动该旋钮，显示的波形会上下移动，移动值则显示于屏幕左下方。

表7-10 示波器垂直控制系统设置方法

图示	操作方法
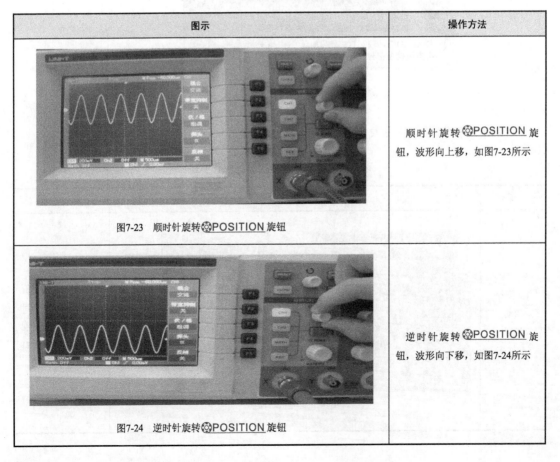 图7-23 顺时针旋转◎POSITION旋钮	顺时针旋转◎POSITION旋钮，波形向上移，如图7-23所示
图7-24 逆时针旋转◎POSITION旋钮	逆时针旋转◎POSITION旋钮，波形向下移，如图7-24所示

图示	操作方法
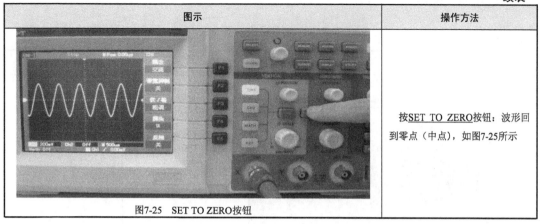图7-25　SET TO ZERO按钮	按SET TO ZERO按钮：波形回到零点（中点），如图7-25所示

② 垂直衰减⊙SCALE 旋钮（参见表 7-11）。调整所选通道波形的显示幅度。改变 "Volt/div （伏/格）" 垂直挡位，同时下状态栏对应通道显示的幅值也会发生变化。粗调以 1-2-5 步进方式确定垂直挡位灵敏度。细调是在当前挡位上，进一步调节波形的显示幅度。

表 7-11　垂直衰减旋钮操作方法

图示	操作方法
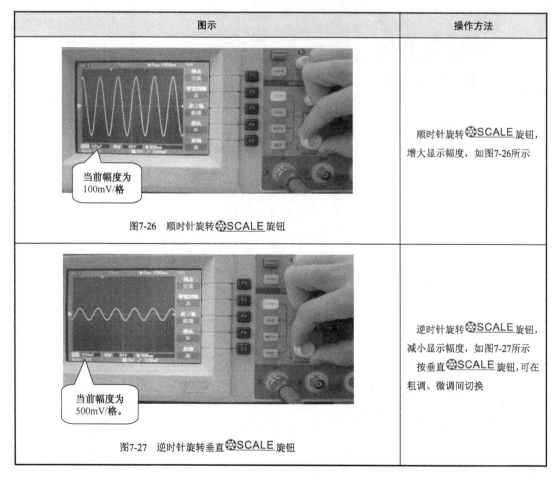当前幅度为100mV/格 图7-26　顺时针旋转⊙SCALE 旋钮 当前幅度为500mV/格。 图7-27　逆时针旋转垂直⊙SCALE 旋钮	顺时针旋转⊙SCALE 旋钮，增大显示幅度，如图7-26所示 逆时针旋转⊙SCALE 旋钮，减小显示幅度，如图7-27所示 按垂直⊙SCALE 旋钮，可在粗调、微调间切换

③ 信号通道选择（参见表 7-12）

表 7-12　信号通道选择方法

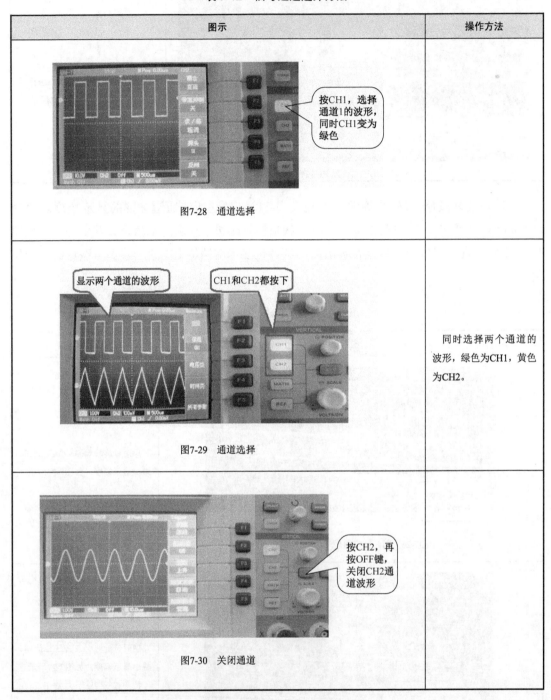

图示	操作方法
按CH1，选择通道1的波形，同时CH1变为绿色 图7-28　通道选择	
显示两个通道的波形　CH1和CH2都按下 图7-29　通道选择	同时选择两个通道的波形，绿色为CH1，黄色为CH2。
按CH2，再按OFF键，关闭CH2通道波形 图7-30　关闭通道	

注意：示波器的所有操作只对当前选定（打开）通道有效。

④ Math 功能菜单（参见表 7-13）。

表 7-13　Math（数学运算）按键功能

图示	功能介绍
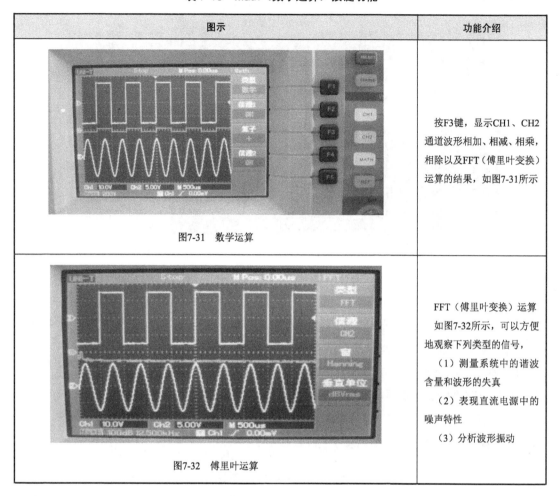 图7-31　数学运算	按F3键，显示CH1、CH2通道波形相加、相减、相乘，相除以及FFT（傅里叶变换）运算的结果，如图7-31所示
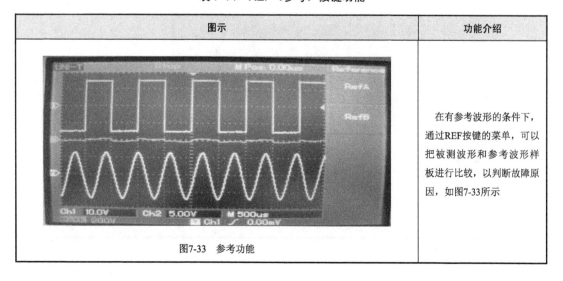 图7-32　傅里叶运算	FFT（傅里叶变换）运算如图7-32所示，可以方便地观察下列类型的信号， （1）测量系统中的谐波含量和波形的失真 （2）表现直流电源中的噪声特性 （3）分析波形振动

⑤ REF（参考）按键功能（参见表 7-14）

表 7-14　REF（参考）按键功能

图示	功能介绍
图7-33　参考功能	在有参考波形的条件下，通过REF按键的菜单，可以把被测波形和参考波形样板进行比较，以判断故障原因，如图7-33所示

（6）通道菜单（参见图 7-34）

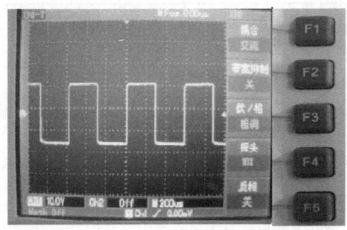

按F1键，设置耦合方式：
交流/直流/接地

按F2键，设通道带宽限制：
关闭/打开状态

按F3键，垂直挡位调节
设置：精调/细调

按F4键，调节探头比例：
1×,10×,100×,1000×

按F5键，波形反相设置：
开/关

图 7-34　通道菜单

注意：

① 带宽限制为关闭状态时，允许被测信号含有的高频分量通过；带宽限制为打开状态时，则阻隔大于 20MHz 的高频分量。

② 探头衰减系数可改变仪器的垂直挡位比例，设定时必须使探头上的黄色开关的设定值与输入通道"探头"菜单的衰减系数一致。

③ 波形反相设置打开，显示的被测信号波形相位翻转 180°。

（7）耦合方式波形图（参见表 7-15）

表 7-15　耦合方式波形图

图示	说明
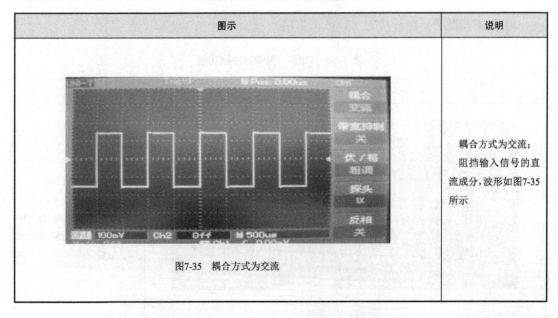 图7-35　耦合方式为交流	耦合方式为交流；阻挡输入信号的直流成分，波形如图7-35所示

图示	说明
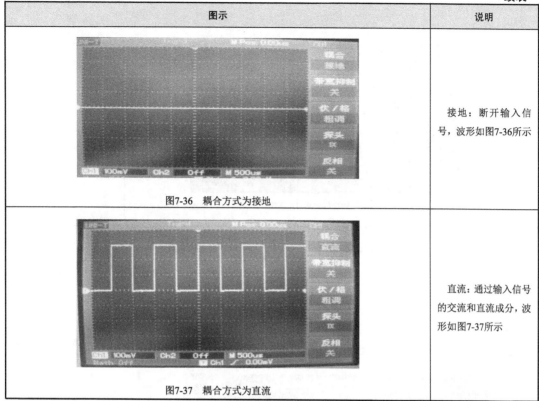 图7-36 耦合方式为接地	接地：断开输入信号，波形如图7-36所示
图7-37 耦合方式为直流	直流：通过输入信号的交流和直流成分，波形如图7-37所示

提示：

① 每次按 AUTO 键，系统就默认为交流耦合方式，CH2 的设置同样如此。

② 交流耦合方式方便用户用更高的灵敏度显示信号的交流分量，常用于观测模拟电的信号。

③ 直流耦合方式可以通过观察波形与信号地之间的差距来快速测量信号的直流分量，常用于观察数字电波形。

（8）水平控制系统的设置（主要用于设置水平时基）

① 水平中心位置调整

表 7-16　水平中心位置调整方法

图示	说明
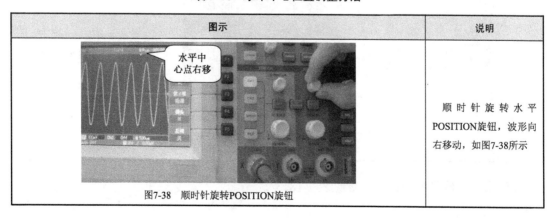 图7-38　顺时针旋转POSITION旋钮	顺时针旋转水平 POSITION旋钮，波形向右移动，如图7-38所示

续表

图示	说明
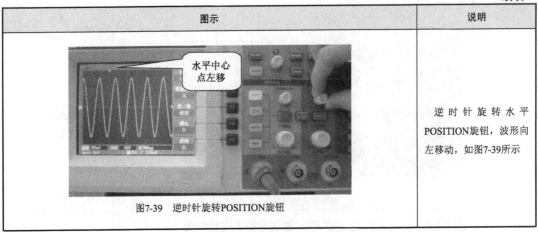 图7-39　逆时针旋转POSITION旋钮	逆时针旋转水平POSITION旋钮，波形向左移动，如图7-39所示

　　按 SET TO ZERO 键：波形水平中心点回到零点（中点）

　　② 水平衰减⊕SCALE 旋钮操作方法，参见表 7-17。

表 7-17　水平衰减旋钮操作方法

图示	说明
图7-40　顺时针旋转⊕SCALE 旋钮	顺时针旋转⊕SCALE 旋钮，水平扫描速率增大，如图7-40所示
图7-41　逆时针旋转⊕SCALE 旋钮	逆时针旋转⊕SCALE 旋钮，水平扫描速率减小，如图7-41所示

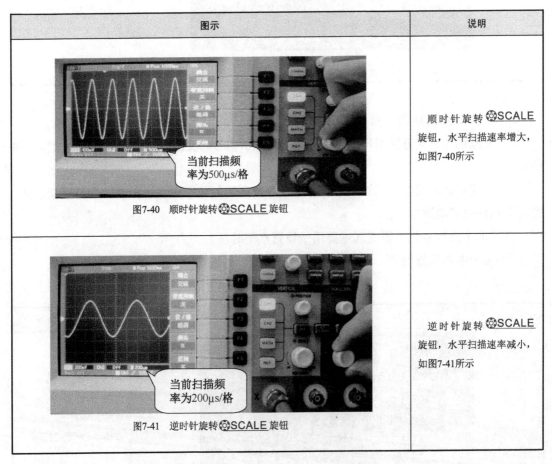

　　③ 水平软件菜单 MENU，参见表 7-18。

表7-18　水平软件菜单操作方法

图示	说明
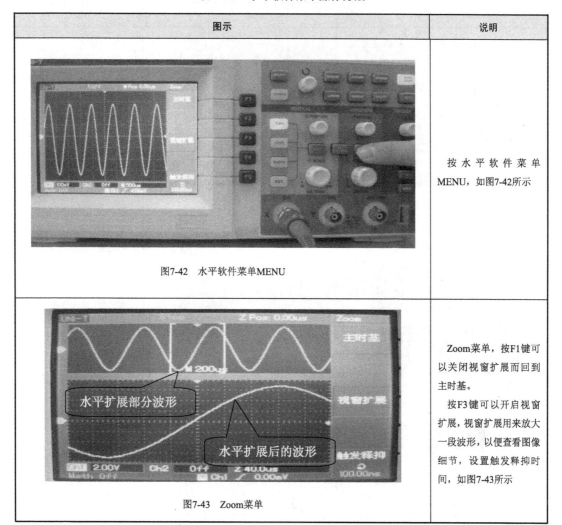 图7-42　水平软件菜单MENU	按水平软件菜单 MENU，如图7-42所示
图7-43　Zoom菜单	Zoom菜单，按F1键可以关闭视窗扩展而回到主时基。 按F3键可以开启视窗扩展，视窗扩展用来放大一段波形，以便查看图像细节，设置触发释抑时间，如图7-43所示

（9）软件菜单区（参见图7-44）

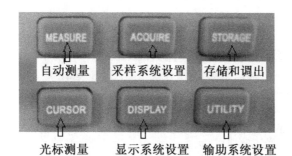

图 7-44　软件菜单

① 自动测量 MEASURE（参见表 7-19）。

表7-19 自动测量方法

图示	说明
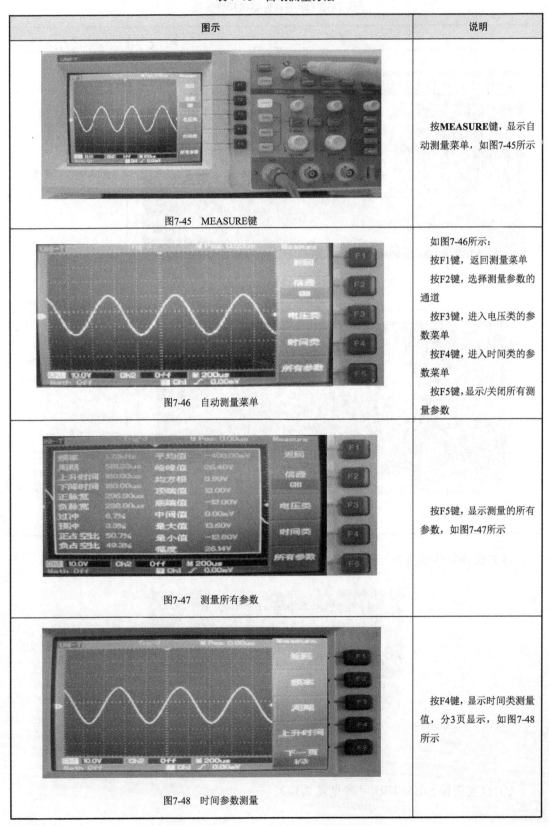 图7-45 MEASURE键	按**MEASURE**键，显示自动测量菜单，如图7-45所示
图7-46 自动测量菜单	如图7-46所示： 按F1键，返回测量菜单 按F2键，选择测量参数的通道 按F3键，进入电压类的参数菜单 按F4键，进入时间类的参数菜单 按F5键，显示/关闭所有测量参数
图7-47 测量所有参数	按F5键，显示测量的所有参数，如图7-47所示
图7-48 时间参数测量	按F4键，显示时间类测量值，分3页显示，如图7-48所示

图　示	说　明
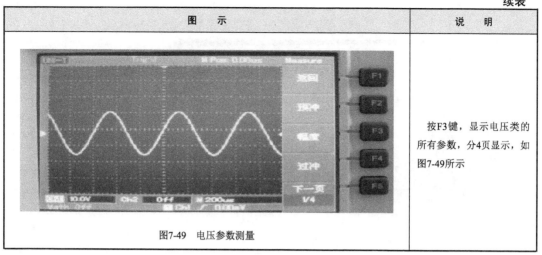 图7-49　电压参数测量	按F3键，显示电压类的所有参数，分4页显示，如图7-49所示

② 采样系统设置 ACQUIRE（参见表 7-20）。

采样方式：数字存储示波器按相等的时间间隔对信号采样以重建波形。

使用 ACQUIRE 按键，弹出采样设置菜单，通过菜单控制按钮调整采样方式。

表 7-20　采样系统设置

图　示	说　明
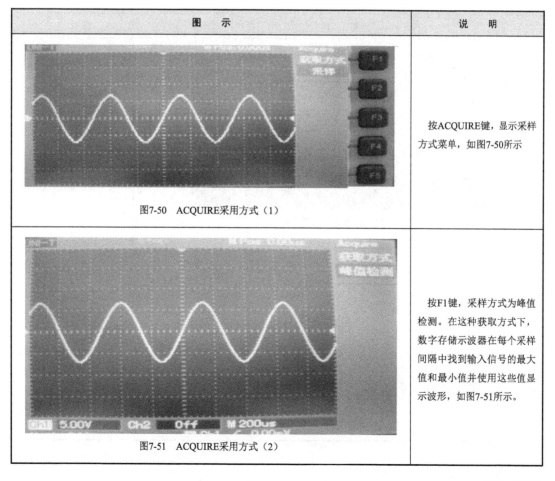 图7-50　ACQUIRE采用方式（1）	按ACQUIRE键，显示采样方式菜单，如图7-50所示
图7-51　ACQUIRE采用方式（2）	按F1键，采样方式为峰值检测。在这种获取方式下，数字存储示波器在每个采样间隔中找到输入信号的最大值和最小值并使用这些值显示波形，如图7-51所示。

续表

图　示	说　明
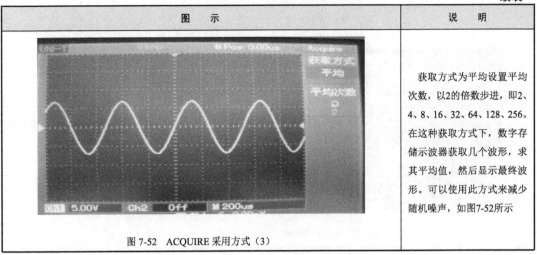 图 7-52　ACQUIRE 采用方式（3）	获取方式为平均设置平均次数，以2的倍数步进，即2、4、8、16、32、64、128、256。在这种获取方式下，数字存储示波器获取几个波形，求其平均值，然后显示最终波形。可以使用此方式来减少随机噪声，如图7-52所示

③ 存储和调出 STORAGE（参见表 7-21）。使用 STORAGE 按键显示存储设置菜单。您可以通过该菜单对数字存储示波器内部存储区和 USB 存储设备上的波形和设置文件进行保存和调出操作，也可以对 USB 存储设备上的波形文件、设置文件进行保存和调出操作。

表 7-21　存储和调出操作方法

图　示	说　明
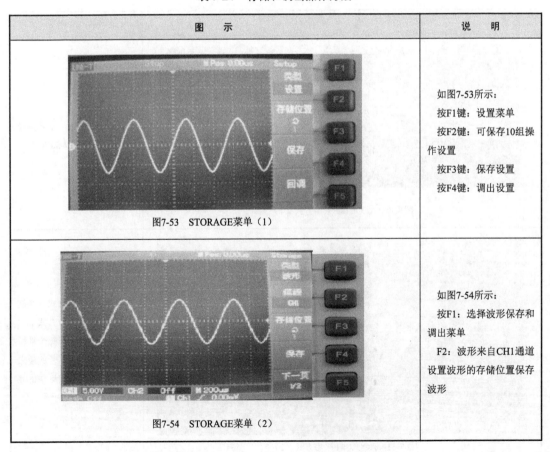 图7-53　STORAGE菜单（1）	如图7-53所示： 按F1键：设置菜单 按F2键：可保存10组操作设置 按F3键：保存设置 按F4键：调出设置
图7-54　STORAGE菜单（2）	如图7-54所示： 按F1：选择波形保存和调出菜单 F2：波形来自CH1通道设置波形的存储位置保存波形

图　示	说　明
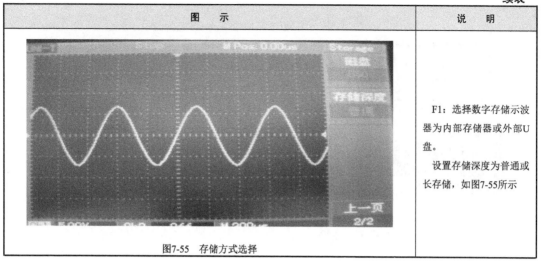 图7-55　存储方式选择	F1：选择数字存储示波器为内部存储器或外部U盘。 设置存储深度为普通或长存储，如图7-55所示

④ 设置显示系统 DISPLAY（参见表 7-22）。使用 DISPLAY 按钮弹出所示设置菜单。通过菜单控制按钮调整显示方式。

表 7-22　设置显示系统方法

图　示	说　明
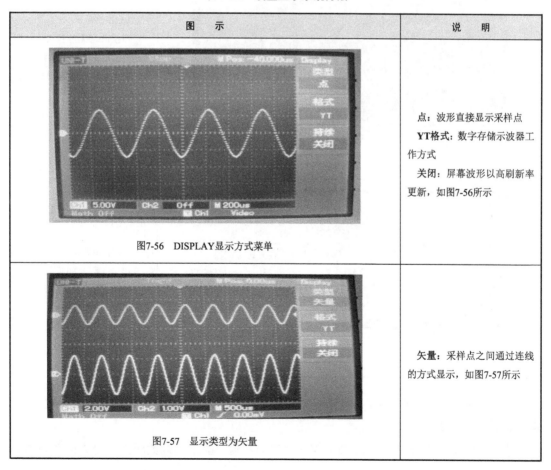 图7-56　DISPLAY显示方式菜单	点：波形直接显示采样点 YT格式：数字存储示波器工作方式 关闭：屏幕波形以高刷新率更新，如图7-56所示
图7-57　显示类型为矢量	矢量：采样点之间通过连线的方式显示，如图7-57所示

图 示	说 明
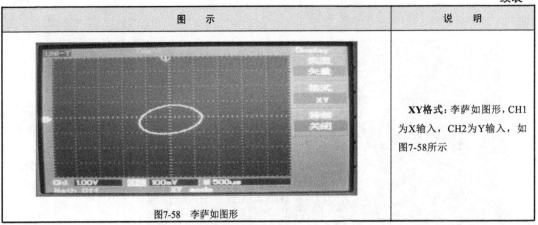 图7-58 李萨如图形	**XY格式**：李萨如图形，CH1为X输入，CH2为Y输入，如图7-58所示

⑤ 辅助功能设置（参见表 7-23）。

表 7-23 辅助功能设置方法

图 示	说 明
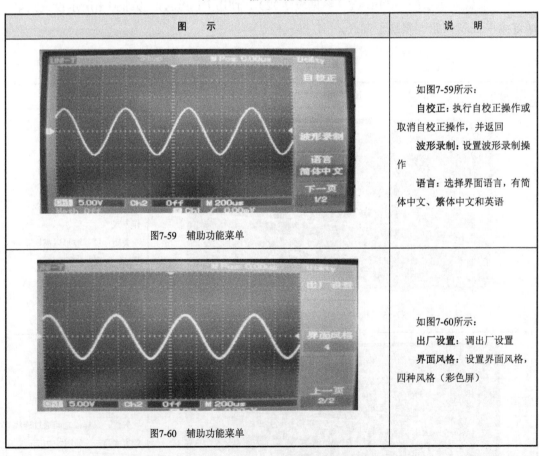 图7-59 辅助功能菜单	如图7-59所示： **自校正**：执行自校正操作或取消自校正操作，并返回 **波形录制**：设置波形录制操作 **语言**：选择界面语言，有简体中文、繁体中文和英语
图7-60 辅助功能菜单	如图7-60所示： **出厂设置**：调出厂设置 **界面风格**：设置界面风格，四种风格（彩色屏）

⑥ 光标测量（参见表 7-24）。在 CURSOR 模式可以移动光标进行测量，有三种模式：电压、时间和跟踪。

电压/时间测量方式：光标 1 或光标 2 将同时出现，显示的读数即为二个光标之间的电压或时间值。

表7-24 光标测量方法

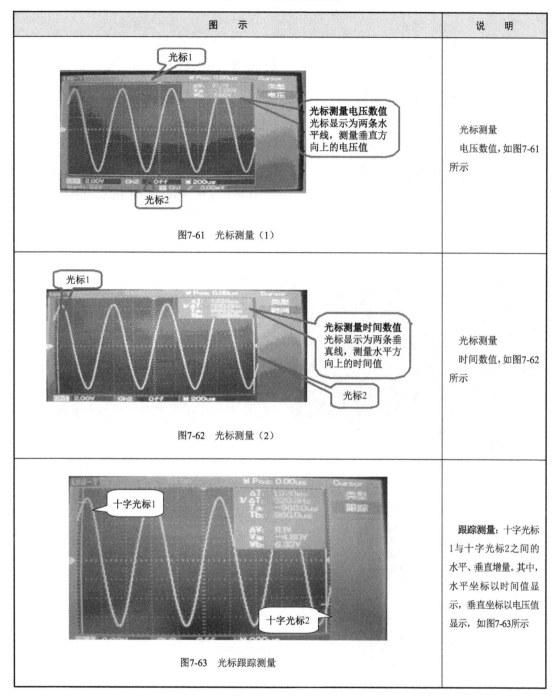

图 示	说 明
光标1 光标测量电压数值 光标显示为两条水平线，测量垂直方向上的电压值 光标2 图7-61 光标测量（1）	光标测量 电压数值，如图7-61所示
光标1 光标测量时间数值 光标显示为两条垂直线，测量水平方向上的时间值 光标2 图7-62 光标测量（2）	光标测量 时间数值，如图7-62所示
十字光标1 十字光标2 图7-63 光标跟踪测量	跟踪测量：十字光标1与十字光标2之间的水平、垂直增量。其中，水平坐标以时间值显示，垂直坐标以电压值显示，如图7-63所示

光标跟踪测量：水平与垂直光标交叉构成十字光标，十字光标自动定位在波形上，转动多功能旋钮↻，光标自动在波形上定位。

当光标功能打开时，测量数值自动显示于屏幕右上角。

（10）触发控制系统（参见表 7-25）

表 7-25　触发控制系统操作说明

图示	说明
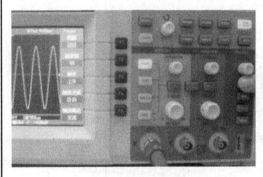 图7-64　触发控制系统	如图7-64所示： **LEVEL触发电平旋钮**：改变触发电平，随旋钮转动而上下移动。在移动触发电平的同时，可以观察到屏幕下部触发电平的数值发生相应变化。 **TRIGGER MENU**：改变触发设置。 **50% 按钮**：设定触发电平在触发信号幅值的垂直中点。 **FORCE 按钮**：强制产生一触发信号，主要用于触发方式中的正常和单次模式
 图7-65　触发功能设置	如图7-65所示： 按TRIGGER MENU，可改变触发设置
图7-66　触发功能菜单	如图7-66所示： 按F1键，选择**触发类型**为边沿、脉宽、视频和交替触发 按F2键，选择"**触发源**"为：输入通道（CH1、CH2），外部触发（EXT、EXT/5），市电。 按F3键，设置"**边沿类型**"为：上升 按F4键，设置"**触发方式**"为：自动、普通和单次 按F5键，设置"**触发耦合**"为：直流、交流、低频抑制和高频抑制

3．数字示波器测量实例

（1）设定显示该信号，请按如下步骤操作。

① 将探头菜单衰减系数设定为"10×"；如图 7-67 所示，并将探头上的开关设定为"10×"；按 F4 键，探头菜单设定为"10×"。

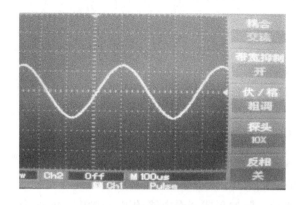

图 7-67　设定衰减系数

② 将 CH1 的探头连接到电路被测点；

③ 按下 AUTO 按钮。数字存储示波器将自动设置使波形显示达到最佳。在此基础上，你可以进一步调节垂直、水平挡位，直至波形的显示符合您的要求。

（2）进行自动测量信号的电压和时间参数

数字存储示波器可对大多数显示信号进行自动测量。欲测量信号频率和峰峰值，请按如下步骤操作：

① 按 MEASURE 键，显示自动测量菜单，如图 7-68 所示；

② 按下 F3 键，选择电压类；

③ 按下 F5 键翻至 2/4 页，再按 F3 键选择测量类型。

4．注意事项

（1）首先要注意带宽是否满足要求，通常探头上标明多少兆赫兹。

（2）示波器探头在使用时，要保证地线夹子可靠连接参考点。

（3）使用示波器时，要避免频繁开机、关机。

（4）如果发现波形受外界干扰，可将示波器外壳接地。

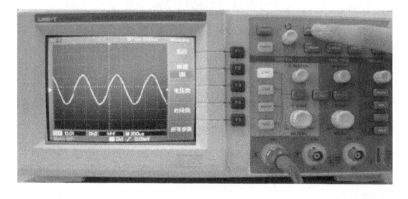

图 7-68　自动测量

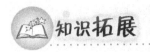
知识拓展

X-Y功能的应用，查看两通道信号的相位差

按图 7-69 接线，信号发生器输出频率 f 为 1kHz、电压峰-峰值 U_{P-P} 为 4V 的正弦波，用示波器同时观察信号源输出电压与电容电压的波形，调节 R 或 C，观察波形的变化。记录 R=2kΩ、C=0.2μF 时观察到的波形，并测出它们的相位差。

以 X-Y 坐标（李萨如）图的形式查看电路的输入/输出，操作步骤如下。

（1）将探头菜单衰减系数设定为"10×"，并将探头上的开关设定为"10×"。

（2）将 CH1 的探头连接至网络的输入，将 CH2 的探头连接至网络的输出。

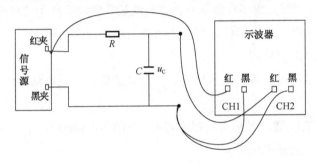

图 7-69 RC 测试电路

注意：信号发生器和示波器的接地端需接到一起，否则可能造成电路局部短路。示波器 CH1 与 CH2 通道的接地端内部是相连的。

（3）若通道未被显示，则按下 CH1 和 CH2 菜单按键，打开两个通道。

（4）按下 AUTO 按钮。

（5）调整垂直标度旋钮，使两路信号显示的幅值大约相等。

（6）按 DISPLAY 菜单按键，以调出显示控制菜单。

（7）按 F2 键，以选择数字存储示波器将以李萨如 X-Y。

（8）调整垂直标度和垂直位置旋钮，使波形达到最佳效果。

（9）应用椭圆示波图形法观测并计算出相位差（见图 7-70）。

根据 $\sin\theta = AB$ 或 CD，其中 θ 为通道间的相差角，A、B、C、D 的定义见图 7-70。因此可得出相差角，即：

$\theta = \pm\arcsin$（AB）或 $\theta = \pm\arcsin$（CD）。

如果椭圆的主轴在 I、III 象限内，那么所求得的相位差角应在 I、IV 象限内，即在（0～π/2）或（3π/2～2π）内。

如果椭圆的主轴在 II、IV 象限内，那么所求得的相位差角应在 II、III 象限内，即在（π/2～π）或（π～3π/2）内。另外，如果两个被测信号的频率或相位差为整数倍时，根据图形可以推算出两信号之间频率及相位关系。

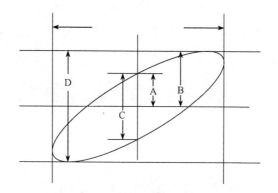

图 7-70　用椭圆示波图形法计算相位角

（10）X-Y 相位差表

表 7-26　X-Y 相位差表

信号频率比	相位差					
	0°	45°	90°	180°	270°	360°
1：1	/	⬭	○	\	⬭	○

8.1 工作页

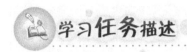 **学习任务描述**

1. 提出任务

在实验过程中，需要测量各种波形后进行对比，请你思考，该怎么使用不同的信号发生器发出各种不同信号？要怎么测量呢？

2. 引导任务

先了解信号发生器的工作原理，掌握信号发生器的面板上各按钮的功能及应用，信号发生器能发出正弦信号、函数（波形）信号、脉冲信号等。

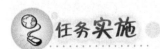 **任务实施**

实施步骤

（1）教学组织

教学组织流程如下图所示。

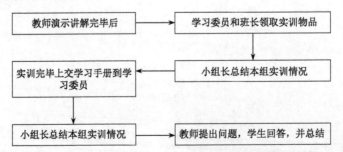

教师讲解完毕，让小组组长分列站好，听到老师指令后按照老师演示的动作规范操作。

分组实训：每3人一组，每组小组长一名。

（2）必要器材/必要工具

① 信号发生器 1 台。

② 电源 1 块。

③ 探针 1 副。

（3）任务要求

① 查阅相关资料与学习页，测量相关的波形。

② 熟悉信号发射器的工作原理。

③ 学会看懂信号发生器的面板的各种参数。

④ 熟悉信号发射器的功能，能发出各种参数不同的信号。

⑤ 测量数据记录。

测量中碰到的问题：

_____

_____

_____

_____

解决的方法：_____

_____

_____

_____

_____

知识要点

1．信号发生器是指产生所需参数的_____信号的仪器。按信号波形可分为_____、_____、_____和_____发生器四大类。

2．信号发生器所产生的信号在电路中常常用来代替前端电路的实际信号，为后端电路提供一个_____信号。

3．扫频信号发生器又称_____，扫频信号发生器能够产生_____恒定、_____在限定范围内作线性变化的信号。

4．噪声信号发生器主要用途是：① _____；② _____；③ _____。

5．测量、试验的工作需要准备什么？

_____

_____

_____

6. 怎么用信号发生器测量电子电路的通道故障？

_____

_____

_____

7. 信号发生器主要技术性能有哪些？

_____

_____

_____

综合评定

1. 自我评价

（1）本任务我学会和理解了：

_____

_____

（2）我最大的收获是：

_____

_____

（3）我的课堂体会是：快乐（ ）、沉闷（ ）

（4）学习工作页是否填写完毕？是（ ）、否（ ）

（5）工作过程中能否与他人互帮互助？能（ ）、否（ ）

2. 小组评价

（1）学习页是否填写完毕？

评价情况：是（ ）、否（ ）

（2）学习页是否填写正确？

错误个数：1（ ）2（ ）3（ ）4（ ）5（ ）6（ ）7（ ）8（ ）

3）工作过程当中有无危险动作和行为？

评价情况：有（ ）、无（ ）

（4）能否主动与同组内其他成员积极沟通，并协助其他成员共同完成学习任务？

评价情况：能（ ）、不能（ ）

（5）能否主动执行作业现场 6S 要求？

评价情况：能（　）、不能（　）

3. 教师评价

综合考核评比表如表 8-1 所示。

表 8-1　任务八综合考核评比表

序号	考核内容	评分标准	配分	自我评价 0.1	小组评价 0.3	教师评价 0.6	得分
1	任务完成情况	按照填空答案质量评分	10分				
		信号生器的使用是否合理，接线是否正确，操作是否得当	15分				
		任务中各项功能是否实现	15分				
2	责任心与主动性	如果丢失或故意损坏实训物品，全组得0分，不得参加下一次实训学习	15分				
		主动完成课堂作业，完成作业的质量高，主动回答问题	10分				
3	团队合作与沟通	团队沟通，团队协作，团队完成作业质量	10分				
4	课堂表现	上课表现（上课睡觉，玩手机，或其他违纪行为等）一次全组扣5分	15分				
5	职业素养（6S标准执行情况）	无安全事故和危险操作，工作台面整洁，仪器设备的使用规范合理	10分				
6	总分						

获得等级：90分以上（　）☆☆☆☆☆　　　积5分

　　　　　75～90分（　）☆☆☆☆　　　积4分

　　　　　60～75分（　）☆☆☆　　　积3分

　　　　　60分以下（　）　　　积0分

　　　　　50分以下（　）　　　积-1分

注：学生每完成一个任务可获得相应的积分，获得90分以上的学生可评为项目之星。

教师签名：_____

日期：　年　月　日

8.2 学习页

学习目标

1. 掌握信号发生器的面板功能
2. 识别信号发生器的按钮名称与功能

相关知识

信号发生器又称信号源或振荡器，是用来产生振荡信号的一种仪器，为使用者提供需要的稳定、可信的参考信号，并且信号的特征参数完全可控。所谓可控信号特征，主要是指输出信号的频率、幅度、波形、占空比、调制形式等参数都可以人为地控制设定。随着科技的发展，信号发生器在生产实践和科技领域中的应用越来越广泛。

1. 信号发生器的种类

信号发生器的种类很多，性能参数也各不相同。按频率覆盖范围分为低频信号发生器、高频信号发生器；按输出波形的不同可分为函数信号发生器和随机信号发生器；按输出电平可调节范围和稳定度分为简易信号发生器（即信号源）、标准信号发生器（输出功率能准确地衰减到-100 分贝毫瓦以下）和功率信号发生器（输出功率达数十毫瓦以上）；按频率改变的方式分为调谐式信号发生器、扫频式信号发生器、程控式信号发生器和频率合成式信号发生器等。

（1）低频信号发生器

低频信号发生器是产生低频正弦信号的信号源，在音频设备的生产、调试和维修等场合得到了广泛的应用，低频信号发生器能产生频率范围在 20～200000Hz 以内（也有频率更宽的，如 1～1MHz 的低频信号发生器），输出一定电压和功率的正弦波信号。图 8-1 所示为CA1634型低频信号发生器的外观图，它可产生 20～2MHz 信号。图8-2所示为RAG-101型低频信号发生器的外观图，它可产生 10～1MHz 信号。

（2）高频信号发生器

频率为 100k～30MHz 的高频、30～300 MHz 的甚高频信号发生器，一般采用 LC 调谐式振荡器，频率可由调谐电容器的刻度盘刻度读出。主要用途是测量各种接收机的技术指标。输出信号可用内部或外加的低频正弦信号调幅或调频，使输出载频电压能够衰减到 $1\mu V$ 以下。图 8-3 所示为 RSG-17 型高频信号发生器的外观图，它可产生 100k～150 MHz 的信号。

图 8-1　CA1634 型低频信号发生器　　　　图 8-2　RAG-101 型低频信号发生器

（3）函数发生器

又称波形发生器。它能产生某些特定的周期性时间函数波形（主要是正弦波、方波、三角波、锯齿波和脉冲波等）信号。频率范围可从几毫赫兹甚至几微赫兹的超低频直到几十兆赫兹。除供通信、仪表和自动控制系统测试用外，还广泛用于其他非电测量领域。图 8-4 所示为 DG1022u 20MHz 的函数发生器外观图。

图 8-3　RSG-17 型高频信号发生器　　　图 8-4　DG1022u 20MHz 函数信号发生器

（4）随机信号发生器

随机信号发生器分为噪声信号发生器和伪随机信号发生器两类。图 8-5 所示为随机信号发生器的外观图。噪声信号发生器的主要用途为：在待测系统中引入一个随机信号，以模拟实际工作条件中的噪声而测定系统的性能；外加一个已知噪声信号，与系统内部噪声相比较以测定噪声系数；用随机信号代替正弦或脉冲信号，以测试系统的动态特性。

当用噪声信号进行相关函数测量时，若平均测量时间不够长，就会出现统计性误差，这时可用伪随机信号发生器。当二进制编码信号的脉冲宽度 T 足够小，且一个码周期所含 T 个数 N 很大时，则在低于 $f_0=1/T$ 的频带内信号频谱的幅度均匀，称为伪随机信号。只要所取的测量时间等于这种编码信号周期的整数倍，便不会引入统计性误差。二进码信号还能提供相关测量中所需的时间延迟。伪随机编码信号发生器由带有反馈环路的 n 级移位寄存器组成，所产生的码长为 N^2-1。

图 8-5　随机信号发生器

（5）扫频和程控信号发生器

扫频信号发生器又称扫频仪，图 8-6 所示为扫频信号发生器的外观图。它能够产生幅度恒定、频率在限定范围内作线性变化的信号。在高频和甚高频段用低频扫描电压或电流控制振荡回路元件（如变容管或磁芯线圈）来实现扫频振荡；在微波段早期采用电压调谐扫频，用改变返波管螺旋线电极的直流电压来改变振荡频率，后来广泛采用磁调谐扫频，以 YIG 铁氧体小球作微波固体振荡器的调谐回路，用扫描电流控制直流磁场来改变小球的谐振频率。扫频信号发生器有自动扫频、手控、程控和远控等工作方式。

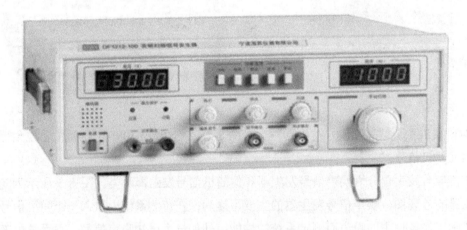

图 8-6　扫频信号发生器

（6）标准信号发生器（频率合成式信号发生器）

图 8-7 所示为标准信号发生器的外观图。这种发生器的信号不是由振荡器直接产生，而是以高稳定度石英振荡器作为标准频率源，利用频率合成技术形成所需的任意频率的信号，具有与标准频率源相同的频率准确度和稳定度。输出信号频率通常可按十进位数字选择，最高能达 11 位数字的极高分辨率。频率除用手动选择外还可程控和远控，也可进行步

进式扫频，适用于自动测试系统。直接式频率合成器由晶体振荡、加法、乘法、滤波和放大等电路组成，变换频率迅速，但电路复杂，最高输出频率只能达 1000MHz 左右。用得较多的间接式频率合成器是利用标准频率源通过锁相环控制电调谐振荡器（在环路中同时能实现倍频、分频和混频），使之产生并输出各种所需频率的信号。这种合成器的最高频率可达 26.5GHz。高稳定度和高分辨率的频率合成器，配上多种调制功能（调幅、调频和调相），加上放大、稳幅和衰减等电路，便构成一种新型的高性能、可程控的合成式信号发生器，还可作为锁相式扫频发生器。

图 8-7　标准信号发生器

2．信号发生器的面板介绍

信号发生器的种类很多，在这里主要以 HG1202P 函数信号发生器为例来介绍。图8-8 所示为 HG1202P 函数信号发生器的前面板实物外观图；图 8-9 所示为 SP-1642B 函数信号发生器的后面板实物外观图。

图 8-8　HG1202P 函数信号发生器的前面板实物外观图

（1）信号发生器前面板

HG1202P 函数信号发生器的前面板结构示意图如图 8-10 所示,图中标号部件的名称和功能介绍见表 8-2 所示。

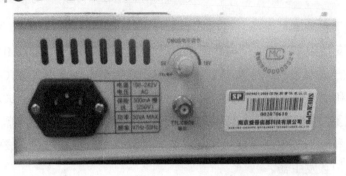

图 8-9　HG1202P 函数信号发生器的后面板实物外观图

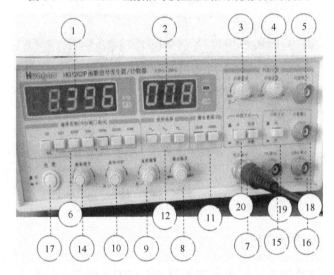

图 8-10　HG1202P 函数信号发生器的前面板结构示意图

表 8-2　HG1202P 函数信号发生器的前面板功能介绍

图中标号	名称或图示	功　　能
①	频率显示窗口	显示输出信号的频率或外测频信号的频率
②	幅度显示窗口	显示函数输出信号的幅度
③	扫描宽度调节旋钮	调节此电位器可调节扫频输出的频率范围。在外测频时,逆时针旋到底(绿灯亮),为外输入测量信号经过低通开关进入测量系统
④	扫描速率调节旋钮	调节此电位器可以改变内扫描的时间长短。在外测频时,逆时针旋到底(绿灯亮),为外输入测量信号经过衰减"20dB"进入测量系统
⑤	扫描/计数输入插座	当"扫描/计数键"⑬功能选择在外扫描状态或外测频功能时,外扫描控制信号或外测频信号由此输入。
⑥	频率粗调旋钮	输出2Hz到2MΩ的频率
⑦	函数信号输出端	输出多种波形受控的函数信号,输出幅度为20Vp-p(1MΩ负载),或10Vp-p(50Ω负载)

续表

图中标号	名称或图示	功 能
⑧	函数信号输出幅度调节旋钮	调节范围20dB
⑨	函数输出信号直流电平偏移调节旋钮	调节范围：−5～+5V（50Ω负载），−10V～+10V（1MΩ负载）。当电位器处在关位置时，则为0电平
⑩	输出波形对称性调节旋钮	调节此旋钮可改变输出信号的对称性。当电位器处在关位置时，则输出对称信号
⑪	函数信号输出幅度衰减开关	"20dB"、"40dB"键均不按下，输出信号不经衰减，直接输出到插座口。"20dB"、"40dB"键分别按下，则可选择20dB或40dB衰减。"20dB"，"40dB"同时按下时为60dB衰减
⑫	函数输出波形选择按钮	可选择正弦波、三角波、脉冲波输出
⑬	扫描/计数"按钮	可选择多种扫描方式和外测频方式
⑭	频率微调旋钮	调节此旋钮可微调输出信号频率，调节基数范围为从<0.1到>1
⑮	TTL输出	如果函数信号发生器只用于为TTL电路产生时钟脉冲，可以直接使用TTL OUT输出端输出
⑯	50Hz信号的输出	50Hz的输出端可输出固定频率为50Hz信号
⑰	整机电源开关	此按键按下时，机内电源接通，整机工作。此键释放时，为关掉整机电源
⑱	计数器输入端	用来检测信号发生器的输出频率
⑲	计数方式（内、外）	当按下计数输入上方的"外"按钮后，内部的频率计数器的输入端改接到面板上的"计数输入"端口，配合频率范围选择按钮、计数按钮和复位按钮实现一台频率计数器的功能
⑳	扫描方式	内扫描方式：线性或对数 外扫描方式：由VCF输入信号决定

（2）信号发生器后面板

HG 1202P 函数信号发生器的后面板结构示意图如图 8-11 所示，图中标号部件的名称和功能介绍见表 8-3 所示。

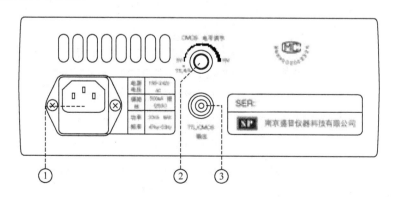

图 8-11　HG 1202P 函数信号发生器的后面板结构示意图

表 8-3　HG 1202P 函数信号发生器的后面板功能介绍

图中标号	名称或图示	功　能
①	电源插座	交流市电220V输入插座。内置保险丝容量为0.5A
②	TTL/CMOS电平调节	调节旋钮，"关"为TTL电平，打开则为CMOS电平，输出幅度可从5V调节到15V
③	TTL/CMOS输出插座	

3. 信号发生器的使用

（1）准备工作

① 将电源线接入 220V、50Hz 交流电源上。应注意三芯电源插座的地线脚应与大地妥善接好，避免干扰。

② 开机前应把面板上各输出旋钮旋至最小。

③ 为了得到足够的频率稳定度，需预热。

④ 频率调节：按下相应的按键，然后再调节至所需要的频率。

⑤ 波形转换：根据需要波形种类，按下相应的波形键位。波形选择键是：正弦波、矩形波、尖脉冲、TTL 电平。

⑥ 幅度调节：正弦波与脉冲波幅度分别由正弦波幅度和脉冲波幅度调节。不要作人为的频繁短路实验。

⑦ 输出选择：根据需要选择"ON/OFF"键，否则没有输出。

（2）信号发生器的使用

① 用信号发生器产生信号。

波形选择，选择"～"键，输出信号即为正弦波信号。

频率选择，选择"kHz"键，输出信号频率以 kHz 为单位。

必须说明的是：信号发生器的测频电路的调节，按键和旋钮要求缓慢调节；信号发生器本身能显示输出信号的值，当输出电压不符合要求时，需要另配交流毫表测量输出电压，选择不同的衰减再配合调节输出正弦信号的幅度，直到输出电压达到要求。若要观察输出信号波形，可把信号输入示波器。需要输出其他信号，可参考上述步骤操作。

② 用信号发生器测量电子电路的灵敏度。信号发生器发出与电子电路相同模式的信号，然后逐渐减小输出信号的幅度（强度），同时通过监测输出的水平。当电子电路输出有效信号与噪声的比例劣化到一定程度时（一般灵敏度测试信噪比标准 $S/N=12dB$），信号发生器输出的电平数值就等于所测电子电路的灵敏度。在此测试中，信号发生器模拟了信号，而且模拟的信号强度是可以人为控制调节的。用信号发生器测量电子电路的灵敏度，其标准的连接方法是：信号发生器信号输出通过电缆接到电子电路对应输入端，电子电路输出端连接示波器输入端。

③ 用信号发生器测量电子电路的通道故障。信号发生器可以用来查找通道故障。其基本原理是：由前级往后级，逐一测量接收通路中每一级放大和滤波器，找出哪一级放大电

路没有达到设计应有的放大量或者哪一级滤波电路衰减过大。信号发生器在此扮演的是标准信号源的角色。信号源在输入端输入一个已知幅度的信号，然后通过超电压表或者频率足够高的示波器，从输入端口逐级测量增益情况，找出增益异常的单元，再进一步细查，最后确诊存在故障的零部件。

④ 输出信号幅度设置。输出信号的幅度由幅度调整旋钮和衰减开关设置，设置方法见函数信号发生器使用方法介绍。

注意：由于信号输出端具有 50Ω 的内部阻抗，当负载阻抗较低时，输出端的实际信号幅度就会较低。

⑤ 输出信号偏移设置。当开关关闭时（按钮弹起），输出信号为+/-对称幅度，当波形幅度为 4V（峰-峰值）时，瞬时值为-2～+2V。如果需要改变波形为 0～4V，则需要按下电平开关，进行偏移调整。例如：需要一个 0～4V 的三角波，首先调整输出幅度为 4V，然后按下电平开关，调整电平旋钮。由于信号发生器本身不能直接观察到实际的偏移量，此时需要借助示波器来观察实际信号波形进行调整。

⑥ TTL 信号的输出。如果函数信号发生器只用于为 TTL 电路产生时钟脉冲，可以直接使用 TTL OUT 输出端输出，此时只需调整信号频率。

（3）函数信号发生器使用方法举例

在函数信号发生器上调出一个波形为三角波、峰-峰值为 900mV，频率为 28kHz 的信号，然后通过示波器来观察该信号参数是否正确。

① 打开电源开关，先让函数信号发生器预热大概 10 分钟，其操作如图 8-12 所示。

图 8-12　打开电源开关

② 把波形对称旋钮旋到关闭的状态，其操作如图 8-13 所示。

③ 把直流偏置旋钮旋到关闭的状态，其操作如图 8-14 所示。

④ 根据要求波形选择为三角波，其操作如图 8-15 所示。

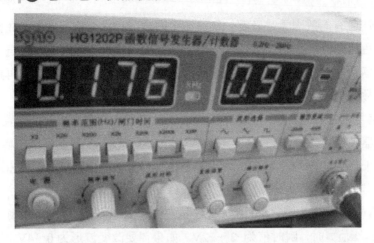

图 8-13   关闭波形对称旋钮

图 8-14   关闭直流偏置旋钮

图 8-15   选择波形

⑤ 选择频率粗调按钮，为 200kHz，其操作如图 8-16 所示。

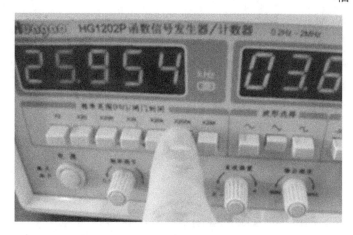

图 8-16　选择频率粗调旋钮

⑥ 调节频率细调旋钮，调节到需要的频率 28kHz，其操作如图 8-17 所示。

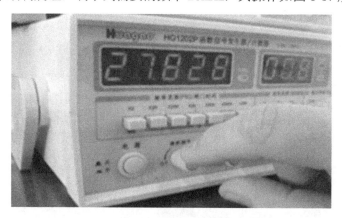

图 8-17　调节频率细调旋

⑦ 选择输出衰减按钮，按下-20dB，其操作如图 8-18 所示。

图 8-18　选择输出衰减按钮

⑧ 通过调节输出幅度旋钮把电压调到 900mV，其操作如图 8-19 所示。

图 8-19　调节输出幅度旋钮

⑨ 把信号线在电压输出端口接好，其操作如图 8-20 所示。

图 8-20　把信号线在电压输出端口接好

⑩ 两对信号线连接起来如图 8-21 所示（黑接黑，红接红）。

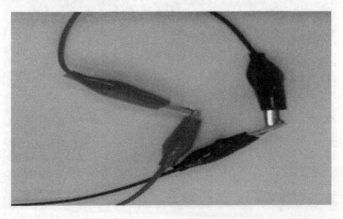

图 8-21　信号线连接方法

⑪ 通过示波器来观察函数信号发生器输出的信号波形，如图 8-22 所示。

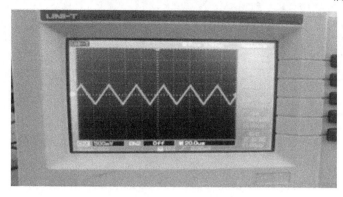

图 8-22　通过示波器观察波形

⑫ 调出参数表来核对参数，看是否做对，如图 8-23 所示。

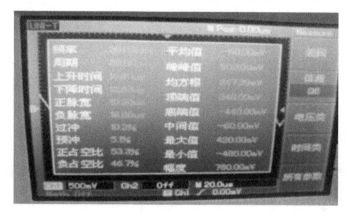

图 8-23　核对参数

（4）信号发生器使用注意事项

① 在实际使用中，不要超过指标数据数值，或者信号源上黄色警示标识上的数值。

② 仪器需预热 10 分钟后方可使用。

③ 在使用前要先了解手册上的有关信号发生器的稳定时间、仪器校准等信息。

④ 定期检查和清洁仪器冷却排风口。通风不畅会导致仪器内过热而损坏。

9.1　工作页

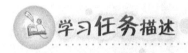

学习任务描述

1．提出任务

某电子厂生产流水线上，需要测试生产的信号发生器产生的波形频率是否准确正常，以确保后续生产的正常进行。

2．引导任务

要检测信号发生器产生的波形频率是否正常，方法有很多种，如使用示波器、频率计数器检测。最简单的方法就是使用频率计数器进行检测，判定频率是否正常。

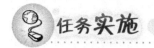

实施步骤

（1）教学组织

教学组织流程如下图所示。

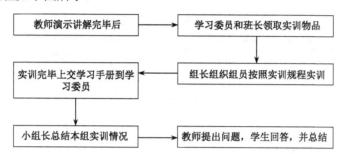

教师讲解完毕，让小组组长分列站好，听到老师指令后按照老师演示的动作规范操作。

分组实训：每3人一组，每组小组长一名。

（2）必要器材/必要工具

① 频率计数器1台。

② 交流电源（或通用工作台）1台。

③ 万用表、示波器、频率计、探头若干。

④ 彩色电视机1台。

⑤ 常用电工工具1套。

（3）任务要求

① 查阅相关资料与学习页，设计出测量频率的操作步骤。

_____

_____

_____

_____

_____

② 写出调试方法；

测量中碰到的问题：_____

_____

_____

_____

_____

解决的方法：_____

_____

_____

_____

③ 使用频率计数器测量函数信号发生器输出的各种信号和频率，并填写表 9-1 中。

表 9-1　输入信号测量记录表

输入信号频率	三角波	正弦波	方波
函数信号发生器指示值			
计数器档位			
测量值			
比较与分析 （误差原因分析）			

④ 用频率计数器测量电视机负载波振荡

a. 测量方法与步骤。彩色电视机中负载波振荡电路的稳定关系到彩色解码电路的正常工作，所以必须找对测量位置，选择正确的档位，取得正确的测量结果。具体操作步骤如表 9-2 所示。

表 9-2　频率计数器测量方法

步骤	图示	操作方法
步骤一	 图9-1　接通电源	按下电源开关，接通频率计电源，如图9-1所示
步骤二	 图9-2　选择时间	将频率计闸门时间选择为0.01s，如图9-2所示

步骤	图示	操作方法
步骤三	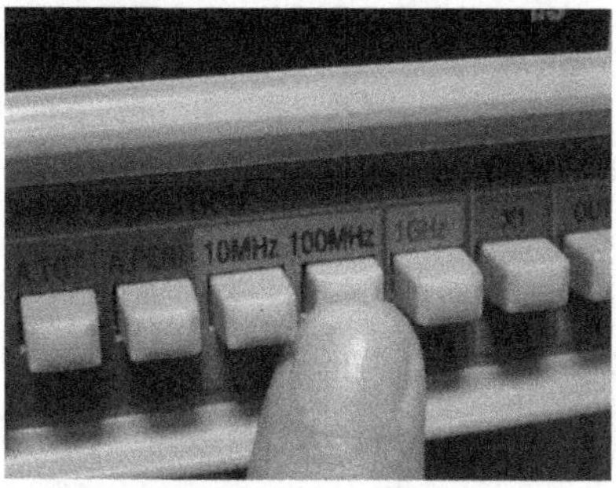 图9-3　选择频率	将频率计频率选择100MHz，如图9-3所示
步骤四	 图9-4　按下输入信号衰减开关	按下输入信号衰减开关（根据信号强弱选择），如图9-4所示
步骤五	 图9-5　连接A通道探头	找到电视机对应4.43MHz晶振，将4.43MHz晶振的一端，连接频率计A通道探头，如图9-5所示
步骤六	 图9-6　探头屏蔽端接电视机地	将探头屏蔽端接电视机的地，如图9-6所示

续表

步骤	图示	操作方法
步骤七	 图9-7 打开电视机	接通电视机电源,打开电视机,如图9-7所示
步骤八	 图9-8 读取频率值	读取频率计显示的频率值,如图9-8所示

b. 测量彩色电视机的负载波振荡频率,并记录测量数据和使用的挡位。

使用的挡位:

_____

_____

_____

测量的数据:

_____

_____

_____

⑤ 按照测量彩色电视机负载波的方法,列出测量单片机晶振频率部分方法的顺序。

a. 接通单片机电源;

b. 读取频率计显示频率值;

c. 连接测试探头;

d. 接通频率计开关。

正确顺序是：

（　　　）——（　　　）——（　　　）——（　　　）

综合评定

1. 自我评价

（1）本任务我学会和理解了：

_____

_____

_____

_____

（2）我最大的收获是：

_____

_____

_____

_____

_____

（3）我的课堂体会是：快乐（　　）、沉闷（　　）

（4）学习工作页是否填写完毕？是（　　）、否（　　）

（5）工作过程中能否与他人互帮互助？能（　　）、否（　　）

2. 小组评价

（1）学习页是否填写完毕？

评价情况：是（　　）、否（　　）

（2）学习页是否填写正确？

错误个数：1（　）2（　）3（　）4（　）5（　）6（　）7（　）8（　）

（3）工作过程当中有无危险动作和行为？

评价情况：有（　　）、无（　　）

（4）能否主动与同组内其他成员积极沟通，并协助其他成员共同完成学习任务？

评价情况：能（　　）、不能（　　）

（5）能否主动执行作业现场 6S 要求？

评价情况：能（　　）、不能（　　）

3．教师评价

综合考核评比表如表 9-3 所示。

表 9-3　任务九综合考核评比表

序号	考核内容	评分标准	配分	自我评价 0.1	小组评价 0.3	教师评价 0.6	得分
1	任务完成情况	按照填空答案质量评分	10分				
		频率计数器的使用是否合理，元件导线连接是否正确，操作是否得当	15分				
		传感器测量电路各项功能是否实现	15分				
2	责任心与主动性	如果丢失或故意损坏实训物品，全组得0分，不得参加下一次实训学习	15分				
		主动完成课堂作业，完成作业的质量高，主动回答问题	10分				
3	团队合作与沟通	团队沟通，团队协作，团队完成作业质量	10分				
4	课堂表现	上课表现（上课睡觉，玩手机，或其他违纪行为等）一次全组扣5分	15分				
5	职业素养（6S标准执行情况）	无安全事故和危险操作，工作台面整洁，仪器设备的使用规范合理	10分				
6	总分						

获得等级：90分以上（　　）☆☆☆☆☆　　积5分

75～90分（　　）☆☆☆☆　　积4分

60～75分（　　）☆☆☆　　积3分

60分以下（　　）　　积0分

50分以下（　　）　　积-1分

注：学生每完成一个任务可获得相应的积分，获得90分以上的学生可评为项目之星。

教师签名：＿＿＿＿＿

日期：　　年　月　日

9.2　学习页

学习**目标**

1. **频率计数器基础知识**

（1）频率的概念和计数器
（2）频率计数器工作原理
（3）计数器分类

2. **频率计数器的面板认识**

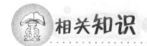相关**知识**

1. 频率计数器基础知识

（1）频率的概念和计数器

"频率"，就是周期性信号在单位时间（1s）内变化的次数。若在一定时间间隔 T 内测得这个周期性信号的重复变化次数为 N，则其频率可表示为 $f=N/T$。

电子计数器是一种常用的电子测量仪器，使用它可以测量电路的信号周期、频率、时间间隔、累加计数和计时，实际运用中主要使用它测量周期和频率。电子计数器是利用数字电路技术数出给定时间内所通过的脉冲数，并显示计数结果的数字化仪器。

电子计数器的优点是测量精度高、量程宽、功能多、操作简单、测量速度快、直接显示数字，而且易于实现测量过程自动化。它在工业生产和科学实验中得到了广泛应用 。

（2）频率计数器工作原理

图 9-9 为电子计数器的基本结构示意图。由 B 通道输入频率为 f_B 的经整形的信号来控制闸门电路，即以一个脉冲开门，以随后的一个脉冲关门。两脉冲的时间间隔（T_B）为开门时间。由 A 通道输入经整形的频率为 f_A 的脉冲群在开门时间内通过闸门，使计数器计数，所计之数 $N=f_A \cdot T_B$。

对 A、B 通道作某些选择，电子计数器可具有以下三种基本功能。

① 频率测量：被测信号从 A 通道输入，若 T_B 为 1 秒，则读数 N 即为以赫兹为单位的频率 f_A。由晶体振荡器输出的标准频率信号经时基电路适当分频后，形成闸门时间信号而确定 T_B 之值。

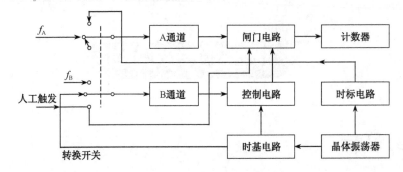

图 9-9　电子计数器的基本结构示意图

② 周期或时间间隔测量：被测信号由 B 信道输入，控制闸门电路，而 A 通路的输入信号是由时基电路提供的时钟脉冲信号。计数器记录之数为闸门开放时间，亦即被测信号的周期或时间间隔。

③ 累加计数：由人工触发开放闸门，计数器对 A 通道信号进行累加计数。

在这些功能的基础上再增加某些辅助电路或装置，计数器还可完成多周期平均、时间间隔平均、频率比值和频率扩展等功能。电子计数器性能指标主要包括频率、周期、时间间隔测量范围、输入特性（灵敏度、输入阻抗和波形）、精度、分辨度和误差（计数误差、时基误差和触发误差）等。

（3）计数器分类

电子计数器按功能可分四类。

① 通用计数器：可测频率、周期、多周期平均、时间间隔、频率比和累计等，我们现在使用的就是此类。

② 频率计数器：专门用于测量高频和微波频率的计数器。

③ 计算计数器：具有计算功能的计数器，可进行数学运算，可用程序控制进行测量计算和显示等全部工作过程。

④ 微波计数器：是以通用计数器和频率计数器为主，配以测频扩展器而组成的微波频率计。它的测频上限已进入毫米波段，有手动、半自动 、全自动三类。系列化微波计数器是电子计数器发展的一个重要方面。

2. 频率计数器的面板

① 请按图 9-10 认读理解各部分的名称

对照实物图片，认读各部分名称：

a. 电源开关（POWER）；

b. 暂停开关（HOLD）；

c. 复位开关（REST）；

d. 闸门周期选择开关（GATE TIME）；

e. 自校开关（CHECK）；

f. 累计测量开关（A.TOT）；

g. 周期测量开关（A.PERI）；

h. A 通道频率选择开关（A.FREQ）；

图 9-10　HC-F1000L　频率计数器

i. B 通道频率选择开关（B.FREQ）；

j. 输入信号衰减开关（A.ATTN）；

k. 低通滤波器选择开关（L.F）；

l. A 通道输入端口（A.INPUT）；

m. B 通道输入端口（B.INPUT）；

n. 显示单位（kHz、MHz）；

o. 周期显示单位（μs）；

p. 闸门指示灯（G）；

q. 溢出指示灯（OF）。

② 识读不同类型频率计数器的面板，如图 9-11 所示。

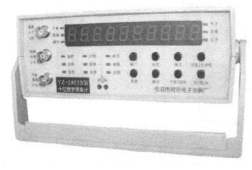

图 9-11　不同类型频率计数器的面板

（3）测量方法与步骤（参见表 9-4）

表 9-4　数字式频率计数器测量函数信号频率的操作步骤

步骤	图示	操作方法
步骤一	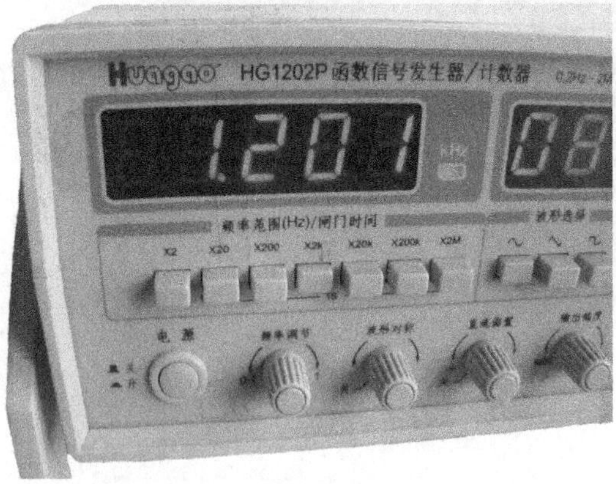 图9-12　调节信息发生器波形	根据上一个课题所学的信号发生器使用方法，任意调节输出一个信号波形（如调节输出1.2kHz的正弦波信号，如图9-12所示）
步骤二	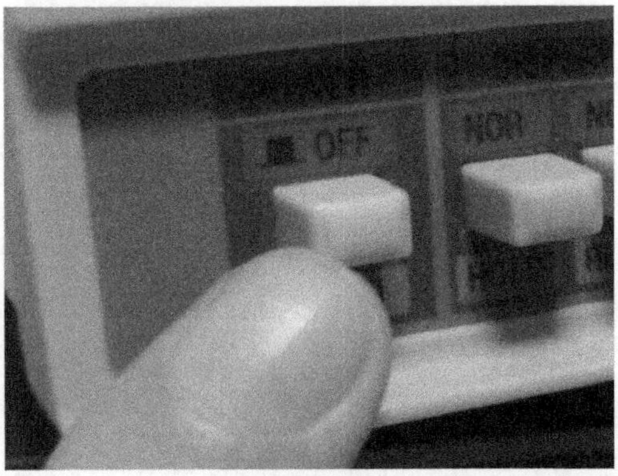 图9-13　按通电源	按下电源开关，接通频率计电源，如图9-13所示
步骤三	 图9-14　选择闸门时间	选择频率计闸门时间0.1s，如图9-14所示

续表

步骤	图示	操作方法
步骤四	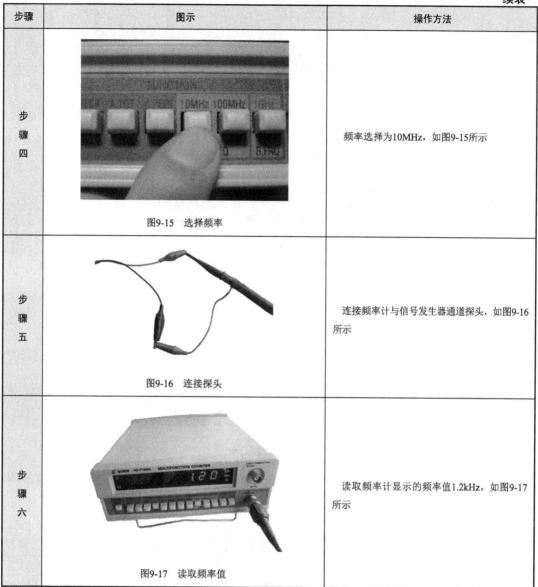 图9-15　选择频率	频率选择为10MHz，如图9-15所示
步骤五	图9-16　连接探头	连接频率计与信号发生器通道探头，如图9-16所示
步骤六	图9-17　读取频率值	读取频率计显示的频率值1.2kHz，如图9-17所示

3. 注意事项

（1）当给仪器通电后，应预热一定的时间，晶振频率的稳定度才可达到规定的指标。

（2）被测信号送入时，应注意电压的大小不得超过规定的范围，否则容易损坏仪器。

（3）仪器使用时要注意周围环境的影响，附近不应有强磁场、电场的干扰，仪器不应受到强烈的振动。

（4）使用时，应注意触发电平的调节，在测量脉冲时间间隔时尤为重要，否则会带来很大的测量误差。

（5）使用时，应按要求正确选用输入耦合方式。

（6）测量时，应尽量降低被测信号的干扰分量，以保证测量的准确度。

10.1　工作页

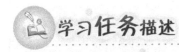

学习任务描述

1. 提出任务

某音响公司生产流水线上生产扬声器，其中有一道工序，即对产品的电压增益进行测量。请你思考，我们应该用什么仪器进行测量呢？

2. 引导任务

由于音响设备的输入/输出电压比较低，用普通的万用表很难测出来，因此，我们选用灵敏度更高的晶体管毫伏表。

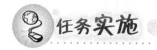 任务实施

实施步骤：

（1）教学组织

教学组织流程如下图所示。

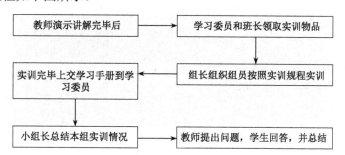

教师讲解完毕，让小组组长分列站好，听到老师指令后按照老师演示的动作规范操作。

分组实训：每 3 人一组，每组小组长一名。

（2）必要器材/必要工具

① YB2172 晶体管毫伏表 1 块。

② 信号发生器 1 台。

③ 晶体管放大电路 1 块。

（3）任务要求

① 晶体管毫伏表面板功能认识。

② 测量交流电的有效值。

③ 晶体管毫伏表测量直流稳压电源纹波系数。

④ 测量电压的增益。

测量中碰到的问题：_____

_____

_____

_____

_____

解决的方法：_____

_____

_____

_____

_____

_____

⑤ 用 YB2172 型晶体管毫伏表测量函数信号发生器输出的正弦信号电压（参见图

10-1），改变电压幅值，测量 3 次，并填写表 10-1 中。

图 10-1　用晶体管毫伏表测量电压

表 10-1　正弦信号电压测量结果记录表

次数	函数发生器输出电压值（Vp-p）	有效值（$V_{p-p}/2\sqrt{2}$）	毫伏表的读数（有效值）
1			
2			
3			

注意：函数信号发生器显示的电压是峰-峰值，交流毫伏表显示的电压是有效值。将函数发生器显示的电压值除以 $2\sqrt{2}$，再与毫伏表显示的电压值进行比较。

⑥ 测量稳压电源纹波系数。用交流毫伏表测量 5.5 英寸黑白电视机稳压电源输出的直流分量和交流分量，如图 10-2 所示，求其纹波系数，分别测量 3 次，并填写表 10-2 中。

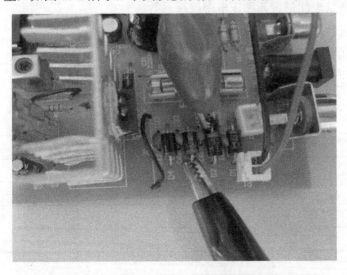

图 10-2　测量纹波系数

表 10-2　纹波系数测量结果记录表

次数	直流分量（V）	交流分量（V）	纹波系数r
1			
2			
3			

⑦ 测量电压增益。用交流毫伏表测 5.5 寸黑白电视机功放的电压增益，如图 10-3、图 10-4 所示，并填写表 10-3 中。

a. 用交流毫伏表测 LM386 功放管的输入电压和输出电压，并根据 $K=U_o / U_i$ 计算电压放大倍数（或电压增益）K_1。

b. 用交流毫伏表测 LM386 功放管的输入和输出电平分贝值，并计算电压增益 K_2。

c. 比较用两种方法测出来的 K_1 和 K_2 的大小（参见表 10-3）。

图 10-3　测量输入电压或电平分贝值

图 10-4　测量输出电压或电平分贝值

表 10-3　电压增益测量结果记录表

次数	输入电压（V）	输出电压（V）	电压增益K_1
1			
2			

次数	输入电压（V）	输出电压（V）	电压增益K_1
3			
次数	输入电平分贝值（dB）	输出电平分贝值（dB）	电压增益K_2
1			
2			
3			

⑧ 毫伏表的量程开关置于低量程档时，当输入线（红、黑测试夹）处于开路状态，然而毫伏表却有读数，这种现象正常吗？是因为毫伏表坏了吗？

_____

_____

⑨ 测量过程中，有时毫伏表会出现指针不停地摆动现象，这是为什么？

_____

_____

⑩ 晶体管毫伏表能用来测量直流电压吗？

_____

_____

综合评定

1. 自我评价

（1）本任务我学会和理解了：

_____

_____

（2）我最大的收获是：

_____

_____

（3）我的课堂体会是：快乐（　　）、沉闷（　　）

（4）学习工作页是否填写完毕？是（　　）、否（　　）

（5）工作过程中能否与他人互帮互助？能（　　）、否（　　）

2. 小组评价

（1）学习页是否填写完毕？

评价情况：是（　　）、否（　　）

（2）学习页是否填写正确？

错误个数：1（ ）2（ ）3（ ）4（ ）5（ ）6（ ）7（ ）8（ ）

（3）工作过程当中有无危险动作和行为？

评价情况：有（ ）、无（ ）

（4）能否主动与同组内其他成员积极沟通，并协助其他成员共同完成学习任务？

评价情况：能（ ）、不能（ ）

（5）能否主动执行作业现场 6S 要求？

评价情况：能（ ）、不能（ ）

3. 教师评价

综合考核评比表如表 10-4 所示。

表 10-4　任务十综合考核评比表

序号	考核内容	评分标准	配分	自我评价 0.1	小组评价 0.3	教师评价 0.6	得分
1	任务完成情况	按照填空答案质量评分	10分				
		毫伏表测量电压	10分				
		测量稳压电源纹波系数	10分				
		测量电压增益	10分				
2	责任心与主动性	如果丢失或故意损坏实训物品，全组得0分，不得参加下一次实训学习	15分				
		主动完成课堂作业，完成作业的质量高，主动回答问题	10分				
3	团队合作与沟通	团队沟通，团队协作，团队完成作业质量	10分				
4	课堂表现	上课表现（上课睡觉，玩手机，或其他违纪行为）一次全组扣5分	15分				
5	职业素养（6S标准执行情况）	无安全事故和危险操作，工作台面整洁，仪器设备的使用规范合理	10分				
6	总分						

4. 获得等级：90分以上（ ）☆☆☆☆☆　　积5分

　　　　　　75～90分（ ）☆☆☆☆　　积4分

　　　　　　60～75分（ ）☆☆☆　　积3分

　　　　　　60分以下（ ）　　　　积0分

　　　　　　50分以下（ ）　　　　积-1分

注：学生每完成一个任务可获得相应的积分，获得90分以上的学生可评为项目之星。

教师签名：＿＿＿＿＿＿＿

日期：　　年　月　日

10.2　学习页

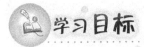

学习目标

1. 认识晶体管毫伏表面板及功能
2. 掌握晶体管毫伏表测量电压有效值和电平的方法
3. 熟悉晶体管毫伏表测量直流稳压电源纹波系数的方法

相关知识

　　晶体管毫伏表是一种专门用来测量正弦交流电压有效值的交流电压表，具有频率范围较宽、输入阻抗高、测量电压范围广和较高的灵敏度、结构简单、体积小、重量轻、大镜面表头指示，读数清晰的特点。下面我们以 YB2172 型晶体管毫伏表详细说明其用法和功能。

1. YB2172型晶体管毫伏表的面板功能（参见图10-5）

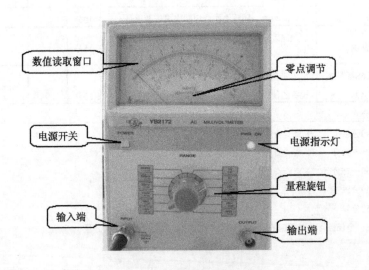

图 10-5　YB2172 型晶体管毫伏表的面板

YB2172 型晶体管毫伏表的面板功能说明如表 10-5 所示。

表 10-5　YB2172 型晶体管毫伏表面板功能说明

面板构造	功能说明
零点调节旋钮	该旋钮用于电气调零，开机前。若表头指针不在机械零点处，需要用小一字螺丝刀调至零（一般不需要经常调整）
数值读取窗口	YB2172 型毫伏表表盘有四行刻度线，其中第一行和第二行刻度线表示被测电压的有效值。当量程开关置于"1"开头的量程位置时（如1mV、10mV、0.1V、1V、10V），应该读取第一行刻度线；当量程开关置于"3"开头的量程位置时（如3mV、30mV、0.3V、3V、30V、300V）应读取第二行刻度线；第三行和第四行测量分贝值的刻度线，当测量电压或功率的电平时，从这两条刻度上读出绝对电平值，即分贝（dB）值
电源开关	电源开关按键弹出为"关"，按下为接通电源
电源指示灯	毫伏表接通电源时，指示灯亮
量程旋钮	共分1mV、3mV、10mV、30mV、100mV、300mV、1V、3V、10V、30V、100V、300V十二挡。量程开关所指示的电压挡为该量程最大的测量电压。为减少测量误差，应将量程开关放在合适的量程上。以使指针偏转的角度尽量大。如果测量前，无法确定被测电压的大小，量程开关应由高量程挡逐渐过渡到低量程挡，以免损坏设备
输入（INPUT）端	被测信号的输入端口，通常用同轴电缆作输入测试线
输出（OUTPUT）端	输出信号由此端口输出

2. 晶体管毫伏表的使用方法（参见图10-6）

（1）测量值读取

测量值=（指针读数/满量程读数）×选择的量程

如图 10-6 所示，如果量程为 10V，应看第一条刻度线，满量程读数为 1，则测量值为 0.48÷1×10=4.8（V）

如果选择的量程为 30V，应看第二条刻度线，满量程读数为 3，则测量值为 1.53÷3×30=15.3（V）

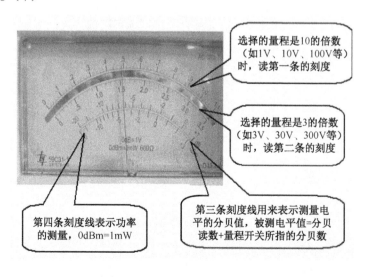

图 10-6　晶体管毫伏表的使用方法

（2）测量稳压电源的纹波系数

直流稳压电源一般是由交流电源经整流稳压形成的，故在直流量中会带有一些交流成分，这种叠加在直流量上的交流分量就称为纹波。如图 10-7 所示，在整流电路中，要求输出直流量中的交流成分越小越好，因此衡量整流电源的好坏，可用纹波系数 r 来表示。

$$r=交流分量/直流分量$$

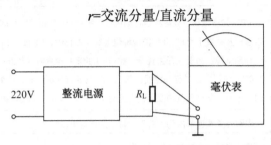

图 10-7 测量纹波系数

如 5.5 英寸黑白电视机稳压电源输出直流分量为 13V，用交流毫伏表测量其交流分量为 0.65V，即得出：纹波系数 $r=0.65/13=0.05$

（3）测量电压增益

如图 10-8 所示，在放大器的输入端加上一个交流信号 U_{sr}，在其输出端就可以得到一个经放大的输出信号 U_{sc}。我们把输出电压 U_{sc} 与输入电压 U_{sr} 之比称为放大器的电压放大倍数 K，或称电压增益。即：

$$K=U_{sc} / U_{sr}$$

它是反映放大器放大能力强弱的一个参数。

用毫伏表分别测放大器输入电压增益 U_{sr} 和输出电压增益 U_{sc}。

如果输入电压增益为-72dB，输出电压增益为-24dB，则放大器电压增益 $K=-24dB-$（-72dB）=48dB。查分贝表即 250 倍。

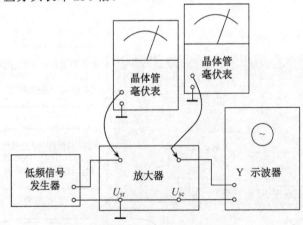

图 10-8 测量电压增益

3. 晶体管毫伏表的操作方法

测量交流电的有效值（测量值即为有效值），参见表 10-6。

表 10-6 测量交流电的有效值

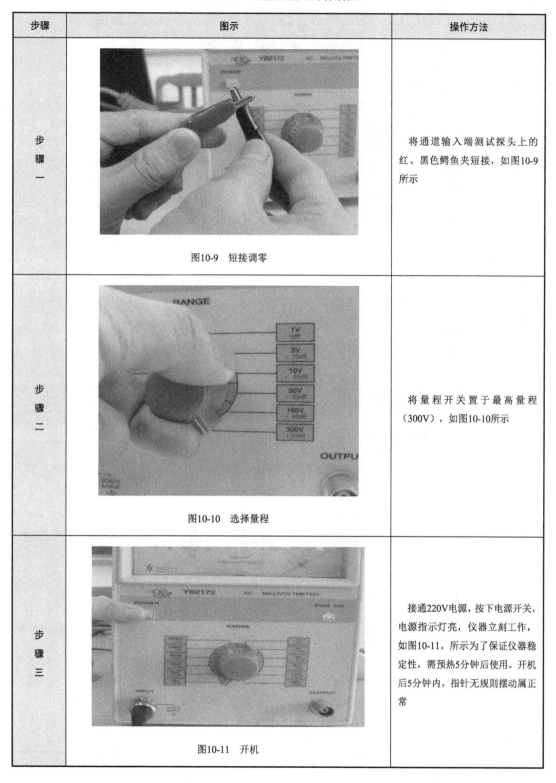

步骤	图示	操作方法
步骤一	图10-9 短接调零	将通道输入端测试探头上的红、黑色鳄鱼夹短接，如图10-9所示
步骤二	图10-10 选择量程	将量程开关置于最高量程（300V），如图10-10所示
步骤三	图10-11 开机	接通220V电源，按下电源开关，电源指示灯亮，仪器立刻工作，如图10-11。所示为了保证仪器稳定性，需预热5分钟后使用。开机后5分钟内，指针无规则摆动属正常

续表

步骤	图示	操作方法
步骤四	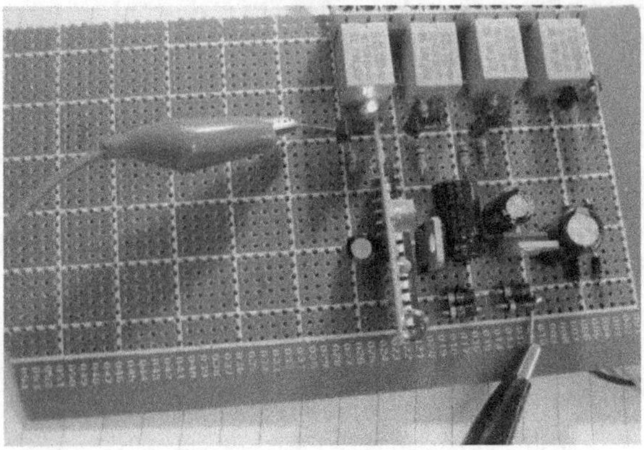 图10-12　检测电路	将输入测试探头上的红、黑鳄鱼夹与被测电路并联（红鳄鱼夹接被测电路的正端，黑鳄鱼夹接地端），如图10-12所示
步骤五	 图10-13　指针指零	指针指零，说明量程过高，如图10-13所示
步骤六	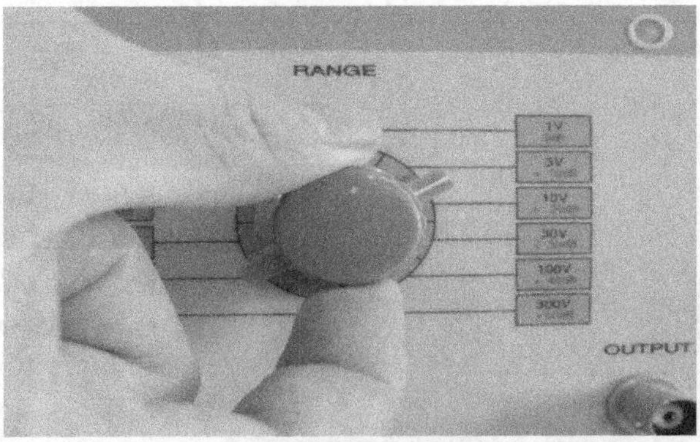 图10-14　量程调小	用递减法由高量程向低量程变换，如图10-14所示

续表

步骤	图示	操作方法
步骤七	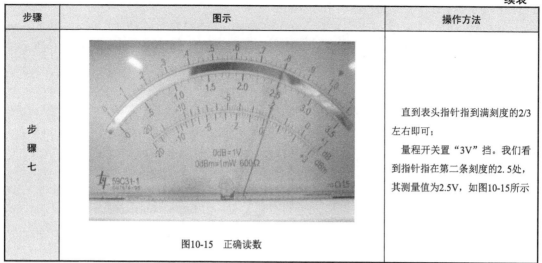 图10-15　正确读数	直到表头指针指到满刻度的2/3左右即可； 量程开关置"3V"挡。我们看到指针在第二条刻度的2.5处，其测量值为2.5V，如图10-15所示

知识拓展

在实际生产中，除了使用指针式的毫伏表外，也经常使用数字毫伏表。图 10-16 为数字毫伏表的面板功能说明图。

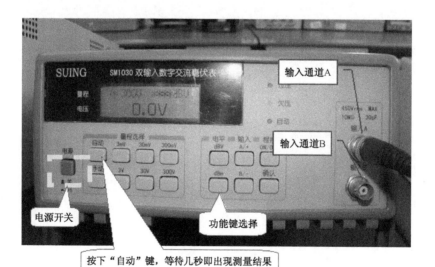

图10-16　数字毫伏表的面板功能说明图

反侵权盗版声明

电子工业出版社依法对本作品享有专有出版权。任何未经权利人书面许可，复制、销售或通过信息网络传播本作品的行为；歪曲、篡改、剽窃本作品的行为，均违反《中华人民共和国著作权法》，其行为人应承担相应的民事责任和行政责任，构成犯罪的，将被依法追究刑事责任。

为了维护市场秩序，保护权利人的合法权益，我社将依法查处和打击侵权盗版的单位和个人。欢迎社会各界人士积极举报侵权盗版行为，本社将奖励举报有功人员，并保证举报人的信息不被泄露。

举报电话：（010）88254396；（010）88258888

传　　真：（010）88254397

E-mail：　dbqq@phei.com.cn

通信地址：北京市万寿路 173 信箱

　　　　　电子工业出版社总编办公室

邮　　编：100036